LE GUIDE DE LA CAVE

LE
GUIDE DE LA CAVE

OUVRAGE DE PREMIÈRE UTILITÉ

INDISPENSABLE AU PRODUCTEUR, AU COMMERÇANT
ET AU CONSOMMATEUR

POUR LES

VINS, EAUX-DE-VIE, BIÈRES ET AUTRES BOISSONS

De France et de l'Étranger

Par STREMLER et DAUNIS

Anciens Négociants en Vins.

PRIX : 2 fr. 50 cent.

TOULOUSE

TYPOGRAPHIE DE J. DUPIN

RUE DE LA POMME, 28

1866

AVANT-PROPOS

———

Tous les hommes de cœur, de savoir et de sens sont d'accord sur ce point, que l'instruction largement répandue est la digue la plus efficace à opposer aux instincts immoraux de l'ignorance. Dans cet ordre humanitaire de pensée et pour diriger le courant économique qui pousse les peuples les uns vers les autres dans un but d'échange de leurs produits, il nous a paru désirable que chaque branche de commerce, d'industrie ou de richesse du sol établît, en ce qui la concerne, la science réelle des faits, de manière à fixer les limites que la fraude ne saurait franchir sans être démasquée.

C'est dans ce but que nous publions aujourd'hui le *Guide de la Cave*, petit recueil contenant l'accolis des sujets étudiés et dont la connaissance est très utile à tout propriétaire ou négociant en vins; car chacun pourra y puiser les formalités à remplir à l'égard des impôts pour le déplacement des boissons; il y apprendra les termes

usités et en pourra faire une application utile selon ses besoins; il
y verra quels sont les principes dont les vins sont formés, tous les
cas de maladie et la manière d'en paralyser les progrès, sans le
concours de tous les ingrédiens et couleurs factices employés jusqu'à
ce jour sans résultat satisfaisant, qui ne servent qu'à nuire et em-
pêcher à populariser la connaissance exacte de l'un des plus importants, des plus riches et des plus glorieux produits de l'agriculture
française. Ayons en vue que l'étranger recherche nos vins, qu'il sur-
veille et compare nos procédés, que l'Exposition Universelle de 1867
approche et que la France ne peut y paraître inférieure à elle-même.
La Providence semble y avoir veillé en lui donnant la belle récolte
de 1865. Puisse le *Guide de la Cave* apporter à cette œuvre patrio-
tique son humble concours !

LE

GUIDE DE LA CAVE

Ce que chacun doit savoir et faire sur les Vins et Liqueurs.

Tout le monde boit; mais combien peu savent ce qui leur convient de boire et se procurer les boissons qui conviennent à leur tempérament, à leurs ressources relatives et à leur alimentation. Boire est pour la généralité des consommateurs calmer sa soif; mais on s'inquiète peu des conséquences que peut entraîner l'introduction irréfléchie des liquides dans l'estomac. Quand on pense que tout mortel absorbe chaque jour deux litres en moyenne d'une boisson quelconque, il est pourtant urgent de s'assurer de son innocuité et de l'influence qu'elle peut avoir sur l'économie des organes de la vie. La soif est de tous les besoins de l'homme celui qui demande le plus impérieusement à être assouvi, et c'est pour cela aussi sans doute qu'on le satisfait sans une suffisante attention.

C'est dans cette situation des faits que la clef des connaissances indispensables en cette matière vient se manifester sous le titre de *Guide de la Cave*.

L'eau est la boisson la plus naturelle. Cependant, c'est à ce liquide qu'on doit attribuer la plus grande partie des désordres qui se manifestent dans diverses contrées sur les indigents qui s'en abreuvent. L'eau des sources, des puits, des rivières et des fontaines, n'est jamais pure. Dans des proportions variables, elle contient en suspension, en dissolution et en combinaison, des sels divers, inutiles et nuisibles, et des matières organiques qui en altèrent plus ou moins le goût et les propriétés. En filtrant ces eaux, on peut bien en séparer les matières en suspension ; mais celles qui sont en dissolution ou en combinaison restent avec tous leurs inconvénients. Il n'y a que l'eau de pluie ou distillée dont la pureté ne soit pas suspecte ; mais elle n'a pas de sapidité et il est difficile d'en avoir à portée des boissons. Il est donc urgent de corriger le plus possible les effets nuisibles de l'eau, cet agent naturel de l'apaisement de la soif, en la mitigeant avec d'autres liquides plus richement organisés.

Le vin, les spiritueux, la bière et le cidre, le vinaigre et l'hydromel dans la catégorie des boissons fermentées ; le café, le thé, les sirops, les aromes des diverses plantes dans l'ordre des infusions, peuvent contribuer à atténuer les effets malsains de l'eau, ou, suivant les goûts, la remplacer avec avantage. Mais ces boissons spiritueuses ou aromatiques peuvent contenir, les premières surtout, des principes mal dissous qui masquent leur limpidité et leur saveur, et par leur origine posséder des qualités ou des défauts qui les font apprécier à des degrés bien différents.

C'est donc à l'examen de tout ce qui sert à apaiser la soif de l'homme que nous devons procéder, et commencer cette étude d'après l'importance que l'opinion générale attribue à diverses boissons.

LE VIN

Selon son âge et sa qualité, cette précieuse liqueur peut ranimer les forces de l'homme affaibli ou convalescent, ou concourir avec efficacité à sa nourriture en l'état de santé; il aide à la division des aliments, avec le suc desquels il se mêle et augmente le calorique et la puissance de circulation dans tous les canaux de l'organisation humaine. L'habitude modérée du vin dispense d'un volume proportionnel de nourriture; elle facilite la digestion et, par ce fait, dégage le cerveau des fatigues que le travail pénible de l'estomac lui ferait éprouver.

Les vins rouges sont plus nourrissants que les blancs; leur assimilation, qui se fait plus lentement, leur donne la propriété de mieux se combiner avec les aliments. Les vins blancs se précipitent plus rapidement, parce que leur principe constitutif est plus délié; ils excitent le système nerveux et agissent sur les voies urinaires.

Les vins très colorés, communs, grossiers, pâteux et forts conviennent aux personnes qui se livrent à des exercices corporels et transpirent beaucoup; ils sont très nourrissants et on peut les boire à plus haute dose que les précédents, attendu qu'ils portent bien plus lentement au cerveau.

On sait assez généralement que les grands vins sont ceux qui réunissent au plus haut degré toutes les qualités qui sont propres à cette souveraine boisson. Les vins fins sont réputés être dans les mêmes conditions, mais à un degré inférieur ; c'est dans cette catégorie qu'on choisit les vins d'entremets, mot qui, dans la pratique, est synonyme de vin fin. Les grands ordinaires sont ceux qui ne proviennent pas de crus renommés par leur finesse, mais auxquels l'âge a fait acquérir toutes les qualités qui leur sont particulières. Les bons ordinaires se trouvent parmi ceux qui ont de la légèreté, de la force et un bouquet plus prononcé que délicat. Les ordinaires les plus abondants sont pris parmi tous ceux qui, sans avoir une qualité remarquable, n'ont aucun des défauts des vins communs : lourds, grossiers, plats, verts et pâteux.

ORDRE DE MÉRITE DES VINS

Tous les vins qui entrent dans la catégorie que la commune renommée attribue à leur mérite, ne participent pas également à toutes les qualités qui caractérisent cette liqueur à l'état le plus parfait. De même que l'or, le platine et l'argent sont généralement désignés sous le titre de métaux précieux, malgré l'état de la valeur intrinsèque qui est propre à chacun d'eux, les grands vins se manifestent par des qualités qui se placent au-dessus des vins fins, bien qu'il y ait à établir entr'eux divers degrés, du plus inférieur au plus supérieur, dans cet ordre de mérite et que nous divisons en trois classes.

PRODUCTION

ET

CONSOMMATION VINICOLE

PAR DÉPARTEMENT

—

AIN, Bresse

2ᵉ classe pour les droits de circulation.

Hectares de vignes, 19,000, possédés par 22,150 propriétaires, produisent en moyenne 627,000 hectolitres, dont 200,000 hectolitres sont consommés par les habitants, le surplus est livré au commerce.

Seyssel fournit les meilleurs vins du département. Ils sont de belle couleur, d'un goût agréable et se conservent bien.

Les communes de Saint-Rambert, Torrieux, Vaux, Saint-Sorlin et quelques autres dans les coteaux bien exposés, donnent un vin ordinaire de bonne qualité.

Ceux de quelques vignobles, de Montmerle, Thoissy et autres, sont d'assez bonne nature ; ils entrent souvent dans le commerce avec et sous le nom de petits vins du Mâconnais.

Les vins des trente-sept communes dans l'arrondissement de Bourg, désignés sous le nom générique de vins du Revermont, présentent quelques choix qui ont un goût assez agréable ; mais la plus grande partie de ces vins sont sans qualité, âpres, plats et ont un goût de terroir désagréable.

Les vins blancs de Seyssel et de Pont-de-Veyle sont faibles mais délicats et agréables, et conservent assez longtemps leur douceur. On distingue, parmi les meilleurs, celui dit de Gravelle : mis en bouteille au printemps qui suit la récolte, il devient mousseux.

AISNE, PICARDIE.

3ᵉ classe pour les droits de circulation.

Hectares de vignes, 7,000, possédés par 16,800 propriétaires, produisent 290,000 hectolitres de vin, dont la majeure partie est consommée par les habitants, qui absorbent encore la récolte de 170,000 hectolitres de cidre et fabriquent 60,000 hectolitres de bière.

Les vins les plus estimés sont ceux de Parguan, Craone, Craonelle, Jumigny, Vassogne, Bellevue et Cussy. Ils sont légers, délicats, spiritueux et de bon goût. Une grande partie de ces vins est vendue à Lille.

Crépy, Brièvre-Orgeval, Vourciennes, Ployard, Montchalons et Arancy, fournissent d'assez bonnes qualités de vins, mais inférieurs aux précédents.

Château-Thierry et les environs de Soissons récoltent des vins qui ne sont pas dépourvus de qualité, mais qui sont froids. Il s'en fait quelques expéditions pour les départements de l'Oise et de la Seine.

ALLIER, Bourbonnais.

2e classe pour les droits de circulation.

Hectares de vignes, 15,000, possédés par 16,000 propriétaires, produisent 420,000 hectolitres de vin, dont 120,000 hectolitres suffisent à la consommation des habitants.

La Garenne-du-Sel produit des vins qui, dans les bonnes années, ont quelques qualités; mais en général les vins de ce département ne jouissent d'aucune réputation. Ils n'ont ni spiritueux ni bon goût; ils ont toutefois une assez bonne couleur qui les rend propres à être utilisés dans les mélanges. Les meilleurs vins blancs de la commune de Monestay sont fort estimés pour les mélanges, auxquels ils communiquent de la légèreté et un bon goût.

Les marchands de la Creuse achètent presque la totalité des vins qui sont livrés au commerce.

ALPES (Basses), Provence.

1re classe pour les droits de circulation.

Hectares de vignes, 5,640, possédés par 12,340 propriétaires, produisent 90,000 hectolitres de vin d'assez bonne qualité, qui sont consommés dans le pays.

On cite comme les meilleurs crus ceux du territoire de Mées.

ALPES (HAUTES), DAUPHINÉ.

2ᵉ classe pour les droits de circulation.

Hectares de vignes, 4,750, possédés par 10,850 propriétaires, produisent 95,000 hectolitres de vin, qui ne
suffisent pas à la consommation des habitants.

Parmi ces vins d'assez bonne qualité, on distingue
ceux de La Roche-de-Jarjau, Letral, Châteauneuf-de-
Chabre et de la Côte-de-Neffes.

La clairette de Saulce est le vin blanc le plus estimé
du pays.

ALPES (MARITIMES), COMTÉ DE NICE.

1ʳᵉ classe pour les droits de circulation.

La statistique de ce département, réuni depuis peu à
la France, n'ayant pas encore été publiée, il n'est pas
possible d'indiquer l'importance de son produit.

Le territoire de Bellet, dans l'arrondissement de Puget-
Thénier, fournit du vin rouge léger, délicat et fort
agréable ; Dolce-Aqua et quelques vignobles des environs
de Nice produisent aussi des vins estimés.

ARDÈCHE, LANGUEDOC ET VIVARAIS.

2ᵉ classe pour les droits de circulation.

Hectares de vignes, 24,500, possédés par 33,500 propriétaires, produisent 610,000 hectolitres de vin, dont
environ 130,000 sont consommés par les habitants ; le
surplus est livré au commerce.

Cornas récolte sur son territoire des vins riches en couleur, ayant beaucoup de corps, de moëlle et de velouté, sans avoir la finesse et le bouquet des vins de l'Ermitage. Ils se rapprochent beaucoup de ces deuxièmes choix. C'est avec ces vins que les Bordelais relevaient la faiblesse des vins de Médoc. Les bons vins de Cahors les remplacent aujourd'hui en très grande partie.

Saint-Joseph, Mauves, récoltent des vins très colorés, peu spiritueux, mais qui font un très bon emploi dans les mélanges.

Limony, sur les coteaux voisins du Rhône, produit des vins qui ont de la finesse, très spiritueux et de bon goût.

Sara et Vion produisent des vins très colorés, épais et liquoreux d'abord, mais qui deviennent bons en vieillissant.

Aubenas et L'Argentière produisent des vins communs assez bons.

Saint-Péray, sur la rive droite du Rhône, donne des vins blancs en abondance qui ont de la délicatesse, du spiritueux, de la sève, un parfum prononcé de violette et un goût très agréable qui leur est particulier. Mis en bouteille au printemps qui suit la récolte, il mousse comme le Champagne et conserve cette propriété pendant plusieurs années. Les plus estimés sont récoltés dans le clos Gaillard et sur le coteau de Hongrie.

Saint-Jean produit un vin blanc, léger, délicat, d'un goût fort agréable, mais en petite quantité. Ce vin est très estimé.

Ces territoires produisent en quantité de bons vins blancs qui sont plus ou moins inférieurs aux précédents. Le principal commerce se fait à Tournon et à Saint-Peray.

ARDENNES, Champagne.

4ᵉ classe pour les droits de circulation.

Hectares de vignes, 1,830, possédés par 6,870 propriétaires, produisent 95,000 hectolitres, qui sont consommés dans le pays. On y récolte 40,000 hectolitres de cidre et on y fabrique, en outre, 180,000 hectolitres de bière.

Rethel, Sedan et Vouziers ont seuls des vignes dont le produit est faible et froid. Ces vins ne se conservent guère plus d'un an et sont consommés dans le pays.

ARIÉGE, Comté de Foix.

1ʳᵉ classe pour les droits de circulation.

Hectares de vignes, 7,240, possédés par 10,360 propriétaires, donnent 108,000 hectolitres de vin de très mauvaise qualité, qu'on coupe quelquefois avec ceux du Languedoc. Tout est consommé dans le pays.

AUBE, Champagne.

1ʳᵉ classe pour les droits de circulation.

Hectares de vignes, 16,100, possédés par 21,740 propriétaires, produisent 640,000 hectolitres de vin, dont 300,000 hectolitres servent à la consommation des habitants.

Les vins des Riceys, justement renommés, sont récoltés dans trois bourgs : 1º Ricey-Haut ; 2º Ricey-Haute-Rive ; 3º Ricey-Bas. Leur territoire est couvert de vignes qui produisent un vin vif très spiritueux, d'un goût agréable, beaucoup de sève et un bon bouquet. Il est nécessaire de le garder deux ans en tonneau avant de le mettre en bouteille. Ils y acquièrent beaucoup de qualité.

Balnot-sur-la-Laigne, Aviray et Bagneux-la-Fosse, donnent des vins qui approchent beaucoup du mérite des précédents. Ces vins sont principalement expédiés dans le Nord ; la propriété qu'ils ont de précipiter les boissons froides les fait rechercher par les contrées où la bière est la boisson principale. Le territoire des Riceys fournit aussi de fort bons vins blancs, qui sont pétillants, spiritueux et agréables.

Bar-sur-Aube, Rigny, le Feron, Villenave et plusieurs autres communes, fournissent des vins rouges et blancs de diverses qualités.

Le commerce se fait aux vignobles et les places principales des Riceys, Bar-sur-Aube et Bar-sur-Seine.

AUDE, Languedoc.

1re classe pour les droits de circulation.

Hectares de vignes, 110,000 possédés par 45,000 propriétaires, produisent 2,865,000 hectolitres de vin, dont 200,000 hectolitres sont consommés par les habitants. Le surplus s'expédie dans toute la France, et à l'étranger.

Les vins dits de Narbonne sont généralement connus

par leur belle couleur, leur bon goût, leur moëlle et leur spiritueux. Ces qualités les font rechercher pour donner de la force aux vins faibles peu colorés, trop verts et trop secs.

Les plus estimés sont ceux dits Fitou, Leucatte, Lapalme et Treilles, dans le canton de Sijean ; Nevian et Villedaigne dans celui de Narbonne ; Argelliers, Mirepeysset et Saint-Nazaire dans le canton de Ginestas. Lésignan, Capendu, La Grasse, Limoux et plusieurs autres territoires, produisent de grandes quantités de vins inférieurs aux précédents, à divers degrés, jusqu'aux plus communs et aux plus pâteux et grossiers.

Limoux fournit son vin blanc léger, spiritueux et d'un très joli bouquet, mousseux, connu sous le nom de blanquette de Limoux.

Le commerce se fait aux vignobles et sur les places de Lésignan et Narbonne.

AVEYRON, ROUERGUE.

1re classe pour les droits de circulation.

L'importance de la récolte sur environ 15,000 hectares s'élève à 180,000 hectolitres de vins de très mauvaise qualité, d'un goût de terroir désagréable, consommé dans le pays.

Rodez possède sur son territoire quelques coteaux, qui, par exception, donnent des vins légers et assez agréables.

BOUCHES-DU-RHONE, Provence.

1re classe pour les droits de circulation.

Hectares de vignes, 77,900, possédés par 42,600 propriétaires, produisent 1,530,000 hectolitres de vin, dont 260,000 hectolitres sont consommés par les habitants et une très notable partie est convertie en eau-de-vie.

Le territoire des environs de Marseille produit les meilleurs. Ces choix sont presque entièrement destinés à la consommation de la ville. On cite en première ligne : Seon-Saint-Henry, Seon-Saint-André, Saint-Louis et Sainte-Marthe, situés sur les bords de la mer. Ceux de Cuques, Château-Gombert, Saint-Gérôme et le quartier des Olives, Arles, Château-Renard, Eguilles, Orgon et Tarascon, récoltent des vins ordinaires et communs.

Aubagne et Géménos, surtout dans les quartiers de Solans et Saint-Pierre, produisent des vins très colorés, corsés, spiritueux et supportant bien le transport, qui se rapprochent beaucoup des qualités de Bandols, dans le Var. Ils rendent de grands services pour les mélanges.

Roquevaire, Cassis et la Ciotat produisent un vin muscat blanc de très bon goût, corsé et spiritueux. Ces contrées font encore des raisins secs.

Le commerce se fait principalement sur la place de Marseille.

CALVADOS, Normandie.

4e classe pour les droits de circulation.

Le peu de vigne qui produit un vin de médiocre qualité est situé sur le coteau d'Argence, près de Caën. La boisson des habitants est le cidre, dont on en récolte plus de 900,000 hectolitres.

CANTAL, Auvergne.

3e classe pour les droits de circulation.

390 hectares de vignes produisent 11,000 hectolitres de vin de la plus mauvaise qualité.

CHARENTE, Angoumois et Saintonge.

1re classe pour les droits de circulation.

Hectares de vignes, 112,650 hectares, possédés par 90,000 propriétaires, produisent 1,750,000 hectolitres de vin, dont 350,000 hectolitres suffisent à la consommation des habitants.

Les vins de ce département n'ont pas de réputation. Les meilleurs sont expédiés dans les départements voisins ou restent dans les caves des propriétaires, qui les destinent à leur usage particulier.

On cite les territoires de Saint-Saturnin, d'Asnières, Saint-Genis, Linars, Moutidars, Rouillac et quelques autres communes récoltant des vins de chai sur les coteaux les mieux exposés; ils ont de la couleur et un bon goût.

CHARENTE (Inférieure), Aunis et Saintonge.

1re classe pour les droits de circulation.

Hectares de vignes, 155,000, divisés en 35,000 propriétaire, produisent 3,600,000 hectolitres de vin, dont environ 600,000 hectolitres sont consommés par les habitants.

Les produits, bien qu'un peu supérieur à ceux de la Charente, n'ont pas de renommée: on cite parmi les meilleurs ceux des territoires de Saintes, Chepniers, Foucauverte, Bussac, La Chapelle, Saint-Romain, Saujou, du Gua, Saint-Julien et Beauvais-sur-Matha. Ces vins acquièrent en vieillissant une saveur agréable, du spiritueux, de la légèreté et un léger bouquet.

Ces deux départements sont plus célèbres par l'excellence de leurs eaux-de-vie connues et appréciées du monde entier. Les pays les plus sauvages ont entendu le mot de Cognac, nom générique sous lequel ces eaux-de-vie sont désignées partout. (Voir au chapitre des eaux-de-vie.)

Les vins blancs, sauf quelques rares exceptions, sont convertis en eau-de-vie.

CHER, Berri.

2e classe pour les droits de circulation.

Hectares de vignes, 11,700, possédés par 29,000 propriétaires, donnent 280,000 hectolitres de vin, dont 150,000 hectolitres sont consommés sur les lieux; le surplus est livré au commerce qui l'emploi généralement en mélange avec les vins du midi.

Les vins de cette contrée sont communs et peu spiritueux. Les territoires de Sancerre, Chavignol, Vasselay et Saint-Amand donnent des vins rouges et blancs légers et de bon goût.

Les vins blancs communs sont expédiés pour les vinaigres d'Orléans.

CORRÈZE, Limousin.

3e classe pour les droits de circulation.

Hectares de vignes, 13,900, divisés en 15,200 propropriétaires, produisent 200,000 hectolitres, dont les trois quarts sont consommés par les habitants; le surplus est expédié dans les départements de la Creuse et de la Haute-Vienne.

Les coteaux d'Allassac, Douzenac, Varest et quelques autres récoltent des vins ordinaires d'assez bonne qualité; mais la plus grande partie est faible d'alcool et commune de qualité.

CORSE, Ile de Corse.

Hectares de vignes, 12,000, partagés entre 14,500 propriétaires, donnent 288,000 hectolitres de vin, 170,000 hectolitres sont consommés par les habitants.

Les soins de culture et de fabrication sont très imparfaits, et malgré cela les vins de ce pays sont remarquables sous le double rapport de la qualité et de la quantité. Ils sont corsés, délicats et de bon goût.

Les territoires qui produisent les meilleurs sont Ajaccio, Sari, Peri, Bastia, Piétro-Negra, Cap-Corse, Calvi, Montemaggioire, Porto-Vecchio et quelques autres. Ces vins sont exportés dans les villes libres d'Allemagne.

L'île prépare une quantité très importante de raisins secs, dont il se fait un certain commerce.

Le commerce se fait au port du Cap-Corse.

COTE-D'OR, Haute-Bourgogne.

2e classe pour les droits de circulation.

Hectares de vignes, 50,600, possédés par 33,000 propriétaires, produisent 1,560,000 hectolitres de vin, dont 220,000 sont consommés par les habitants; le surplus est livré au commerce de la France et de l'étranger.

La magnifique réputation des vins de ce pays est dès longtemps établie. Ils réunissent, dans les premiers crus, toutes les qualités désirables dans un vin exquis. Les premiers crus sont établis par la commune renommée de la manière suivante :

Romanée-Conti, territoire de Vosnes, d'une contenance de 1 hectare 72 ares, produit de 10 à 12 pièces de vin par an; son caractère spécial est la finesse exquise de son goût.

Chambertin, sur le territoire de Gevray, d'une contenance de 25 hectares, produit de 130 à 150 pièces de vin annuellement; sève très riche comme caractère spécial.

. Richebourg, sur le territoire de Vosnes, d'une contenance de 6 hectares, produit de 35 à 40 pièces de vin.

Clos-Vougeot, à 15 kilomètres de Dijon. Ce vignoble, d'une contenance de 47 hectares, produit de 235 à 240 pièces de vin. Caractère spécial, un peu plus spiritueux. La portion du vignoble qui borde la route donne un vin moins supérieur que celui du haut du coteau.

La Romanée-Saint-Vivant, territoire de Vosnes, donne des vins un peu moins supérieurs que Romanée-Conti ; mais produit plus, relativement à son étendue, qui est de 10 hectares.

La Tache, même territoire, d'une contenance de 1 hectare 38 ares, fournit des vins très supérieurs et qui durent plus longtemps.

Saint-Georges, territoire de Nuits, produit des vins qui ont de la ressemblance avec ceux de Chambertin, mais avec moins de finesse.

Corton, territoire Daloxe, près Beaune, ressemble au précédent, mais avec un peu moins de finesse et plus de vigueur ; il supporte bien le transport par mer et s'améliore beaucoup en vieillissant.

Tous ces vins possèdent au suprême degré le corps, la finesse, le spiritueux, le goût exquis, la sève, le bouquet et toutes les qualités des grands vins. On ne peut les distinguer qu'en les comparant et en tenant compte des nuances de leur caractère propre.

Plusieurs autres vignobles, trop peu importants pour avoir une grande renommée, possèdent cependant des vins qui pourraient rivaliser plus ou moins avec les précédents.

Les vins blancs de ce département sont justement renommés; les plus estimés sont : Montrachet aîné, Montrachet Chevalier et Bâtard Montrachet, sur le territoire de Puligny. Ces vins ont beaucoup de corps, de finesse, un excellent goût de noisette et un bouquet dont la force et la suavité les distinguent de tous les autres vins de ce département.

Les vins blancs de Meursault, moins estimés que les précédents, n'en sont pas moins excellents; ils ont beaucoup de finesse. Les coteaux de La Perrière, La Combette, La Goutte-d'Or, La Genevrière et Les Charmes sont les premiers de ce territoire.

DORDOGNE, Périgord.

1re classe pour les droits de circulation.

Hectares de vignes, 72,000, divisés entre 80,000 propriétaires, produisent 920,000 hectolitres de vin, dont les habitants consomment 270,000 hectolitres; le reste est expédié à Bordeaux et dans toute la France.

Le territoire de Bergerac récolte les vins les plus estimés de ce département. Les premiers choix sont vifs, légers, spiritueux et parfumés. La Terrasse, La Briasse, Pécharmant, Corbiac, La Catte, Le Terme-du-Roy et Sainte-Foy-des-Vignes sont les plus estimés. .

Creysse, Lalinde, Beaumont, Cadouin, Limeuil et plusieurs autres communes produisent des vins ordinaires fort bons et qui se conservent bien.

Les vins blancs de Montbazillac peuvent être considérés comme les secondes qualités des vins de liqueur : douceur agréable, bouquet et parfum excellent, couleur légèrement ambrée, tels sont les caractères qui les distinguent.

Saint-Naxant et quelques autres communes produisent aussi de bons vins blancs, moins fins, et qui perdent plus tôt leur douceur.

Chancelade, dans l'arrondissement de Périgueux, fournit des vins qui ont un bon goût et du spiritueux.

Brantome, Bourdeilles, Saint-Pantaly et autres communes, Mareuil, arrondissement de Nontrau, fournissent de bons vins ordinaires.

Les territoires de Dommes, Saint-Cyprien, arrondissement de Sarlat, donnent des vins colorés, corsés et de bon goût, très propres à remonter des vins légers ou faibles. La Côte de Saint-Léon produit de très bons vins qui sont estimés. Tous les autres vins de cet arrondissement, sauf de petites exceptions, sont grossiers, noirs, sans spiritueux et de mauvaise qualité. Le commerce se fait au vignoble et sur la place de Bergerac.

DOUBS, Franche-Comté.

3ᵉ classe pour les droits de circulation.

Hectares de vignes, 8,500, possédés par 17,600 propriétaires, donnent 120,000 hectolitres de vin qui sont consommés par les habitants.

Les vins qui sont les plus estimés sont ceux des Trois-

Châlets et des Emingueys ; ils ont de la finesse et de l'agrément, après trois ou quatre ans de garde.

Miléry fournit des vins blancs qui approchent en qualité des deuxièmes choix d'Arbois.

DROME, Dauphiné.

2e classe pour les droits de circulation.

Hectares de vignes, 25,000, possédés par 48,000 propriétaires, produisent 500,000 hectolitres de vin, dont 200,000 hectolitres sont consommés par les habitants.

Le territoire de Tain possède le célèbre cru de l'Ermitage. La côte où est plantée la vigne qui le produit est élevée de 150 mètres au-dessus du niveau du Rhône. Ces vignes sont disposées en amphithéâtre, sur la pente méridionale, et sont disposées par quartiers. Etant abritées au nord, le soleil darde toute la journée ses rayons sur le sol.

Les vins les plus renommés sont récoltés dans les quartiers nommés Méal, Gréfieux, Beaume, Romans, Muret, Guionières, Les Bessous, Les Burges et Les Lauds. C'est dans cet ordre qu'on établit les qualités de ces grands vins ; ils sont corsés, moëlleux, fins, délicats, d'une belle robe, beaucoup de spiritueux, une sève très aromatique, un bouquet très agréable et très prononcé.

Les vins de l'Ermitage blancs participent, dans leur genre, des qualités des vins rouges. La clairette de Die est surtout estimée ; elle mousse comme le Champagne, mais cette qualité ne dure pas.

Plusieurs autres territoires de ce département produisent des vins de diverses qualités, depuis ceux qui, bien que moins remarquables que les précédents, sont néanmoins de grande qualité, jusqu'aux plus ordinaires et aux plus communs. C'est dans les degrés intermédiaires de ces deux extrêmes que l'on trouve les vins qui servent à donner de la force aux vins délicats, mais trop légers ou affaiblis.

On prépare à Tain un vin de paille qui a une belle couleur d'or et dont le prix est très élevé. C'est à Tain que se fait le commerce des vins de l'Ermitage.

EURE, NORMANDIE.

3e classe pour les droits de circulation.

Hectares de vignes, 1,700, possédés par 1,000 propriétaires, produisent 25,000 hectolitres de vin d'assez mauvaise qualité. Ce département récolte aussi 650,000 hectolitres de cidre.

EURE-ET-LOIR, BEAUCE.

3e classe pour les droits de circulation.

Hectares de vignes, 3,320, partagés entre 8,600 propriétaires, produisent 200,000 hectolitres de vin de médiocre qualité. La plus grande partie est consommée par les habitants, le reste est expédié dans la Seine-et-Oise. Ce département produit encore 175,000 hectolitres de cidre.

Les territoires de Chartres, Dreux et Châteaudor ont quelques vignobles qui donnent des vins un peu supérieurs.

GARD, Bas-Languedoc.

1re classe pour les droits de circulation.

Hectares de vignes, 105,000, divisés en 54,000 propriétaires, produisent 2,226,900 hectolitres de vin, dont 300,000 sont consommés par les habitants, 300,000 sont sont convertis en eaux-de-vie et le surplus est livré au commerce.

L'arrondissemént d'Uzès produit les meilleurs. Chusdan et la Côte de Tavel fournissent des vins peu colorés, fins, légers, spiritueux et d'un goût agréable; ils sont précoces et durent longtemps. Lirac et Saint-Geniez produisent sur leur territoire des vins un peu plus fermes, mais moins légers que les précédents.

Les territoires de Ledenon et de Saint-Laurent-des-Arbres donnent des vins de très bonne qualité qui ont une belle couleur, du corps, bon goût, spiritueux et du bouquet.

Beaucaire, Roquemaure, Saint-Gilles-les-Boucheries, Bagnols, Laudun, Vauvert, Milhaud, Calvisson et Aiguevives, fournissent de très bons vins ordinaires, et dont quelques-uns rivalisent avec les précédents.

Tous ces territoires produisent encore des vins ordinaires et communs, qui entrent dans la consommation et le commerce sous les noms de leurs divers vignobles.

GARONNE (Haute), Haut-Languedoc.

1re classe pour les droits de circulation.

Hectares de vignes, 54,000, divisés en 36,700 propriétaires, produisent 480,000 hectolitres, dont 240,000 sont consommées par les habitants; le surplus est livré au commerce.

Les meilleurs vins de ce pays sont ceux des coteaux de Villaudric et de Fronton. Ils ont du corps, de la délicatesse et un bouquet agréable. Ils supportent bien le transport, se conservent longtemps et s'améliorent beaucoup en vieillissant.

Montesquieu-Volvestre, Cugnaux et Buzet récoltent des vins qui ne sont pas dépourvus de qualité; mais les autres contrées ne produisent que des vins communs, plats et grossiers.

GERS, Gascogne.

1re classe pour les droits de circulation.

Hectares de vignes, 80,000, possédés par 70,000 propriétaires, produisent 1,120,000 hectolitres de vin, dont 400,000 sont consommées par les habitants; une très grande partie est convertie en eaux-de-vie d'Armagnac; elles viennent après les premières des Charentes et rivalisent même quelquefois avec elles.

Les meilleurs vins de table se récoltent sur le territoire de Nogaro; ils ont une belle couleur, du corps et bon goût, sur ceux de Riscle, Plaisance, Auch, Mirande,

Vic-Fezensac et Lectoure. Ces cantons produisent des vins d'assez bonne qualité qui peuvent être rangés parmi les bons ordinaires.

GIRONDE, Guienne.

1re classe pour les droits de circulation.

Hectares en vigne, 140,000, possédés par 60,000 propriétaires, produisent 2,750,000 hectolitres de vin, dont 350,000 hectolitres sont consommés par les habitants.

Ce département est le plus important de la France sous le rapport de la qualité et de la quantité des vins rouges et blancs qu'il produit. L'excellence des vins de Bordeaux est trop universellement notoire pour qu'il soit besoin de l'établir quelle que soit leur diversité. Ils ont entre eux des rapports généraux qui les distinguent de ceux des autres pays, du plus commun au plus estimé. On pourrait établir une graduation de qualité en autant de divisions qu'il y a de vignobles peut-être, qui marquerait entre eux une distance égale.

Le caractère propre des vins de Bordeaux, dans la mesure de la qualité de chacun d'eux, est une belle couleur pourprée, beaucoup de velouté, une grande finesse, un bouquet très suave, corsé sans être fort, une sève prononcée qui, en embaumant la bouche, la laisse fraîche de toute odeur vineuse, de fortifier l'estomac sans porter à la tête, et ne pas incommoder si on les boit à haute dose. Ils ne redoutent ni la variation de température, ni les longs voyages qui fatiguent d'autres vins aussi estimés. Ces deux circonstances doivent concourir, au contraire, à augmenter leurs qualités. C'est à cette dernière propriété que les vins de Bordeaux doivent la renommée qu'ils ont acquise dans le monde entier.

La diversité si multiple du mérite des différents vignobles rend très difficile, non-seulement pour les acheteurs étrangers, mais encore pour le négociant du pays, l'appréciation de leur valeur relative, surtout lorsqu'ils sont nouveaux, moment, au reste, où les transactions ont leur plus grande importance. Pour parer à cette difficulté, il a été établi des courtiers dans chaque arrondissement, qui ne s'entremettent qu'entre les produits de leur ressort.

Les vins de la Gironde tirent leurs qualités de la nature du terrain où sont plantées les vignes : graves, côtes, pâtus et entre deux mers.

Les graves s'étendent le long de la rive gauche de la rivière et entourent Bordeaux au sud-est, sud-ouest et nord-ouest. C'est à cette dernière exposition que se trouve le Médoc qui possède les trois grands crus : Château-Margaux, Château-Laffitte, Château-Latour. Château-Haut-Brion est au sud-est de cette ville. Ce dernier, un peu plus sec que les précédents, est le seul désigné dans le commerce comme vin rouge de graves, qui forme le quatrième grand cru de Bordeaux.

Deuxième cru : Brannes-Mouton, Cos-Destournel, Durefort, Grand-Laroze, Lascombes, Léaville, Mouton, Pichon-de-Longueville et Rauzau.

Troisième cru : Desmirail, Dubignon, Ducru, Duluc, Fruitier, Ganet, Giscours, Lagrange, Bartou, Lanoir, Montrose, Pouget et Malescot.

Quatrième cru : Delage, Bekker, Beicheville, Catou, Lestapis, Carnet, Castéja, Dubignou, Duluc aîné, Ferrière, Lafon, Rochet, La Lagune, Lespare-Duroc, Mac-Daniel, Pagés, Palmer et Saint-Pierre.

Cinquième cru : Batteley, Bedout, Bourran, Pontet, Canet, Cautemerle, Chaublet, Constant, Cos-Labory, Coutanceau, Croizet, Ducassé, Grand-Puy, Jurine, Libéral, Liversan, Lynch, La Mission, Mouton, Darmailhac, Castéja, Popp et Seguineau.

Bous Bourgeois, Marquis, D'Aligre, le Boscq, Morin, L'Anessan, Mernan, La Paveil, Pédescleaux, Trouquoi, Lalande.

Tous ces vins sont produits par les communes de Margaux, Pauillac, Pessac, Cautenac, Saint-Estephe, Saint-Julien, Saint-Lambert, Labarde, Saint-Laurent, Ludan, Macau, Saint-Sauveur, Soussans, Cussac, Saint-Seurin-de-Cadourne, Cissac et Verteuil.

Une quantité importante d'excellents vins, désignés sous les noms de bourgeois, ordinaires, paysans, des paroisses supérieures et paysans, doit être comptée dans les vins de ces territoires.

Les vins communs du Bas-Médoc, Saint-Germain, Saint-Christol, Valeyrac, Saint-Trélody, Jau, Lesparre, Potensac, Blagnan, Saint-Ysau, Ordenac, Bégadau, Gaillan, Civrac, Gueyrac et Saint-Vivien, produisent des vins plus légers, qui se conservent moins longtemps, mais qui ont à divers degrés beaucoup de délicatesse, un bouquet très suave et s'améliorent beaucoup en bouteille.

Blanquefort, Ludon, Le Taillan, Le Pion, Parempuyre, Arsac, Macau, Talence, Mérignac et Séognan, dans les graves autours de Bordeaux, fournissent des vins très estimés, plus corsés et supérieurs à ceux du Bas-Médoc.

Les côtes Saint-Emilion, Canon et Fronsac, arrondissement de Libourne, produisent des vins de très bonne qualité et qui sont susceptibles d'une longue conservation. Moins fins que ceux du Médoc, même ceux dits paysans, ils sont plus corsés et plus spiritueux et ont un bouquet particulier. On expédie sous le nom de Saint-Emilion beaucoup de vins qui viennent des communes voisines ; mais Saint-Emilion, Canon et Fronsac sont les seuls qui méritent leur réputation.

On vend sous le nom de vins de côte tous ceux que produit la chaîne de coteaux qui borde la rive droite de la Garonne et ceux qui sont récoltés sur la côte qui commence à Fronsac, jusqu'à Blaye, sur la rive droite de la Dordogne.

Bourg récolte sur son territoire des vins dont quelques-uns ont toutes les qualités des vins fins. Les vins de Blaye sont plus coloriés, mais moins fins et moins spiritueux.

Les vins de Bourgeais, d'après M. Franck, se divisent en quatre classes. La première contient cinq crus : Vicomte-Dubarry, Peychaud, Marsaud, de Châtenier au château de Falfax, et Sander au château du Roussel. La deuxième possède de 45 à 50 crus. La troisième de 100 à 110 crus. La quatrième comprend les meilleurs vignobles qui n'entrent pas dans les trois autres classes. Les communes citées sont : Bourg, Camillor, la Libarde, Bayou, Gaurlac, Villeneuve, Samonar, Saint-Seurin-de-Bourg, Comps et Saint-Ciers-de-Ganesse. Les autres communes ne produisent que des vins inférieurs et quelques vins blancs qu'on convertit en eau-de-vie.

L'importance de la récolte de ce canton est de 140 à 150,000 hectolitres.

Les coteaux qui bordent la Garonne fournissent de forts bons vins ordinaires, d'une belle couleur et beaucoup de corps. Ils sont recherchés pour les expéditions du Nord et la cargaison. On cite ceux de Basseim et de Cenon comme les meilleurs. Camblannes produit des vins plus durs et plus colorés. Ceux de Quinsac sont un peu inférieurs. Florac, Bouillac et Patresne produisent des vins moins bons et qui ont un léger goût de terroir.

Les cantons de Sainte-Foy et de Castillon donnent des vins d'ordinaire de bonne qualité, qui prennent aussi la dénomination de vins de côte. La commune de Bordeaux expédie sous ce nom presque tous les vins ordinaires, sous diverses marques, qui sont à destination de la clientèle bourgeoise.

Palus. — On désigne sous ce nom les terrains d'alluvion qui bordent les deux rivières. Ces rivages produisent des vins rouges très estimés. Les produits sont divisés en cinq catégories :

1º Queyries, situé en face de Bordeaux et sur la rive opposée de la Garonne. Les vins que ces palus produisent sont riches, généreux, colorés et longs à se faire ; ils ont un délicieux bouquet de framboise. Parvenus à leur degré de maturité, ils peuvent lutter avec avantage avec les deuxièmes crus de France. On les place à la suite des vins classés. Ils sont précieux pour relever les vins usés du Médoc, avec lesquels ils ont plus d'analogie que les vins de l'Ermitage, du Roussillon ou du Cahors, qu'on emploie généralement ; mais il en faut une plus grande quantité, parce qu'ils sont moins chauds.

La première palus, Queyries, produit trois catégories de qualités, dont la première fournit 1,300 hectolitres ; la deuxième 2,000 et la troisième aussi 2,000 hectolitres.

2º Montferrand et Basseins. Ces vins sont très corsés et très colorés, mais moins fins que les précédents. Ils sont très fermes et s'améliorent beaucoup en mer.

3º Ambès, Bouillac, Camblanes, Quinsac, les Valentous, Saint-Gervais, Bacalan.

4º Saint-Loubès, Sainte-Eulalie, La Tresne, Macau, Bautiran et Izon.

Ces derniers sont plus tôt faits, moins forts que les précédents. Ils ont un peu le goût du terroir ; on y trouve néanmoins quelques très bons choix.

5º Saint-Gervais, Cubzac, Saint-Romain, Asque et l'île Saint-Georges.

Ces vins sont assez colorés, mais ils sont communs et durs et ont un goût de terroir assez prononcé.

Le territoire de Carbon-Blanc, d'Ambarès et de la Grave, qui ne sont ni côtes, ni palus, produisent des vins d'excellentes qualités.

L'entre-deux-mers est la partie comprise entre les deux rivières. Les palus et les coteaux qui les bordent sur le territoire des cantons de Branne, Pujols, Pelleyrue, Sauveterre, Cadillac et Créon. Cette contrée produit peu de vins rouges. Saint-Macaire et la Bénauge donnent des vins rouges très ordinaires ou communs en assez grande quantité.

Vins blancs. — Ce département produit, sur les deux rives de la Garonne, des vins blancs dont le mérite et la variété rivalisent avec les vins rouges.

Les communes de Sauterne, Bommes, Preignac et Barsac fournissent des vins très supérieurs, qui se distinguent par beaucoup de corps, de moelleux, de finesse, de spiritueux et par une sève remarquable. Les parties élevées de ces communes donnent les meilleurs. On les distingue en faisant précéder leur nom de haut ou de bas, selon leur provenance. Les vins de Barsac ont plus de sève et de corps, mais sont un peu moins fins que les autres.

Un peu au-dessous des précédents, on peut citer les crus de Château de Carbonnieux, à Villenove-d'Ornon, qui se distinguent par une sève particulière et un bouquet qui a quelque analogie avec ceux des bons vins du Rhin. Tout aussi délicats, mais moins capiteux et liquoreux que Sauterne et ses voisins, ils obtiennent tout autant d'estime. Le cru d'Ariste, à Blanquefort, donne des vins d'un égal mérite.

En seconde ligne, Barsac fournit les produits de plusieurs vignobles. Cérons et Podensac, leur premier choix. Toulène, Saint-Pey, Pujols, Sainte-Croix-du-Mont, Loupiac, Léognan et Martillac offrent leurs meilleurs vins à cette catégorie.

Les troisièmes qualités sont fournies par les communes de Virelade, Arbanats, Budos, Landiras, Illats, Langoiran et Cadillac.

Dans le quatrième ordre de qualité, on peut citer comme peu inférieurs les bonnes côtes de Baurech, Tabanac, Paillet, Rioms, Beguey, Larroque, Portets, Castres, Saint-Selve, Bautiran, Saint-Médard, Ayrans, La Bride et Cambes.

L'entre-deux-mers fournit une grande quantité de vins blancs, dont quelques choix peuvent figurer avec avantage parmi les quatrièmes qualités ; mais la plupart avec ceux de Cubzac, Bourg, Fronsac. Ceux du Bas-Médoc, Blaye, Sainte-Foy et Castillon, sont employés aux coupages ou convertis en eaux-de-vie.

HÉRAULT, Bas-Languedoc.

1re classe pour les droits de circulation.

Hectares de vignes, 285,000, divisés en 76,000 propriétaires, produisent 11,300,000 hectolitres de vin, dont 250,000 hectolitres sont consommés par les habitants, une partie est convertie en eau-de-vie ; le surplus est livré au commerce, qui se fait dans les deux produits sur une immense échelle.

Les crus les plus estimés sont : Saint-George d'Orgues, qui donne dans ses meilleurs choix des vins corsés, spiritueux, d'un goût franc et agréable ; Vérargues et Saint-Christol produisent des vins plus colorés, plus fermes, mais moins spiritueux que les précédents ; Saint-Drezory, Saint-Geniez et Castries sont plus vifs, mais ont moins de corps et de couleur.

Garrigues, Dréols, Villeveyrac, Bouzigues, Frontignan et Lunel fournissent, dans quelques vignobles, un bon vin dit de montagne, qui a une belle couleur, du corps, du spiritueux et un goût bon et franc.

Loupian, Mèze, Pézénas, Agde, Béziers et plusieurs autres territoires fournissent, dans les choix, des qualités qui approchent des précédentes.

Le territoire de Lodève et plusieurs autres noms cités ci-dessus ne fournissent que des petits vins bons pour coupages et de plus mauvaise qualité encore, qui ont un fort goût de terroir et qui ne sont bons que pour la chaudière.

Sauvian possède le cru d'Espagnac, qui a quelque analogie avec le vin de Collioure. On y prépare aussi un vin dit de Grenache, qui n'est pas sans mérite.

Frontignan produit des vins muscats qui rivalisent avec ceux de Rivesaltes ; ils ont une douceur agréable, beaucoup de corps, un goût de fruit très prononcé et un parfum des plus suaves ; ils gagnent en vieillissant et supportent très bien le transport sur mer.

Lunel produit aussi d'excellents vins muscats plus fins, mais avec moins de corps et de bouquet que le Frontignan; il se conserve moins longtemps aussi.

Marseillan et Pommerols fournissent le picardan, vin liquoreux sans être doux, qui a beaucoup de sève et de spiritueux. Maraussan fournit des vins muscats inférieurs à Frontignan. Les muscatelles de Cazouls-lès-Béziers, Bassan, Montbazin et quelques autres vignobles viennent après les précédents.

Les vins muscats de qualité inférieure servent à imiter les vins de Malaga, d'Alicante et de Rota d'Espagne. Le Picardan est employé pour imiter le Madère et le Xérès. Le mout de cette espèce de raisin, traité au moyen des vapeurs sulfureuses et alcoolisées, donne le vin muet ou muté, qui sert à relever les vins qui manquent de force ou de douceur. On le distingue sous le nom de vin de Calabre.

Les vins blancs du pays sont généralement communs de goût; quelques-uns sont très corsés. Les meilleurs choix de picpoul ont bon goût et sont employés, avec les vins muscats de médiocre qualité, à préparer le vermouth, dont il s'expédie des quantités considérables. Les blancs dits Terrets Bourrets sont très communs.

Le commerce se fait dans tous les vignobles et sur les places de Pézénas, Béziers et Montpellier pour les alcools, et sur celle de Cette pour les vins. Des marchés au 3/6 y donnent les cours offerts.

ILE-ET-VILAINE, Bretagne.

4ᵉ classe pour les droits de circulation.

Hectares de vignes, 145, divisés en 630 propriétaires, produisent 4,000 hectolitres de vin blanc de médiocre qualité. On y récolte aussi 750,000 hectolitres de cidre.

Les moins mauvais sont produits par le territoire de Rodon ; ils sont légers, assez agréables et ont de la ressemblance avec ceux de Nantes.

INDRE-ET-LOIRE, Touraine.

2ᵉ classe pour les droits de circulation.

Hectares de vignes, 37,657, partagés entre 19,000 propriétaires, donnent environ 900,000 hectolitres de vin, dont 300,000 sont consommés par les habitants ; une partie importante du surplus est convertie en excellente eau-de-vie et le reste est livré au commerce.

Les vins les plus estimés sont ceux de Joué, près de Tours ; ils sont désignés sous le nom de nobles Joué. Ils sont corsés, spiritueux, d'un goût très agréable, très francs et de belle couleur.

Le territoire de Chinon fournit des vins ordinaires de bonne qualité, parmi lesquels celui du Clos Saint-Nicolas de Bourgueuil se distingue par sa belle couleur foncée, par son bon goût et un agréable parfum de framboise. Ce vin est très corsé, spiritueux et de bonne garde.

En seconde ligne, on cite Chisseaux, Givray, Bléré,

Athée, Azay, Chenonceaux, Epeigné, Frauceuil, Saint-Avertin, Luynes, Langeais et quelques autres vignobles qui ont plus ou moins les meilleures qualités des vins du Cher.

Le territoire d'Amboise fournit beaucoup de vins, dont quelques-uns sont moins colorés, moins corsés, mais plus agréables que les précédents, et en plus grande partie, des vins verts communs et peu spiritueux qui conviennent assez dans les mélanges.

Sauf les vins du territoire de Chinon, qui se vendent sous son nom, les autres sont connus sous la désignation de vins du Cher.

Ce département produit, sur le territoire de Vouvray, des vins blancs connus sous ce nom, dont les premiers choix sont très bons. Dans la première année, ils deviennent moelleux, d'un goût agréable; mais sont très capiteux.

On cite, après ces derniers, ceux de Rochecorbon, Verrion, Mont-Louis, Saint-Georges, Nazelle, Lussault, Charnoy, Langeais et quelques autres du canton de Vouvray qui se vendent aussi sous ce nom.

C'est dans le canton de Richelieu que l'on distille la plus grande quantité d'eau-de-vie.

ISÈRE, Dauphiné.

2e classe pour les droits de circulation.

Hectares en vignes, 11,000, divisés en 15,000 propriétaires produisent 370,000 hectolitres de vin, qui sont consommés presque en totalité dans le pays; une petite partie s'expédie à Lyon et le surplus est exporté pour la Suisse et l'Allemagne.

Les territoires de Vienne, Revertin et Seyssuel donnent des vins spiritueux, corsés et pouvus d'un bouquet de violette qui les rend agréables.

La vallée de Grésivaudan possède des vignobles importants; les communes de Jarrie-Haute, de L'Ambier et de La Terrasse fournissent les meilleurs.

La côte Saint-André fournit des vins blancs légers, pétillants et d'un goût agréable. On fabrique au Bourg des liqueurs qui ont de la réputation sous le nom d'Eau-de-la-Côte.

C'est à Grenoble qu'on fabrique le fameux Ratafia.

JURA, Franche-Comté.

3e classe pour les droits de circulation.

Hectares de vignes, 17,000, possédés par 26,000 propriétaires, produisent 550,000 hectolitres de vin, dont 200,000 sont consommés par les habitants; le surplus est livré au commerce pour la Suisse principalement.

Le canton d'Arbois fournit, dans la commune des Arsures, les meilleurs vins de ce pays; ils ont de la finesse, sont peu colorés, vifs, très spiritueux et pourvus d'un léger bouquet de framboise.

Les territoires de Poligny et d'Arbois récoltent des vins qui ont, à peu de différence près, les qualités des précédents; ceux de Voiteur, Ménetru, Blandans, Vadans, Saint-Lothain et plusieurs autres produisent des vins de bonne qualité.

Les vins blancs de Château-Châlon, près Lons-le-Saulnier, sont moelleux, spiritueux, d'un bouquet agréable et très prononcé. Lorsqu'ils ont atteint toutes leurs qualités, ils peuvent rivaliser avec les plus renommés.

Les vins ordinaires rouges sont secs, presque piquants; ils sont d'un mauvais emploi dans les mélanges avec ceux des autres pays, avec lesquels ils ne se marient pas.

LANDES, Gascogne.

1re classe pour les droits de circulation.

Hectares de vignes, 20,000, partagés entre 11,800 propriétaires, produisent 365,000 hectolitres de vin, dont 175,000 suffisent aux habitants; le surplus est livré au commerce ou converti en eaux-de-vie, qui se vendent sous le nom d'Armagnac.

Cap-Breton, Messanges, Soustous et Vieux-Bomau récoltent sur leur territoire quelques vins d'assez bonne qualité, qui ont du velouté, bonne couleur, de la légèreté et un bouquet agréable.

Le pays produit des vins blancs ordinaires dont quelques-uns, des contrées de Tursan, la Haute-Chalosse, ont de la qualité. Ces vins sont employés à couper ceux de Madiran ou à faire des eaux-de-vie dont le commerce se fait à Mont-de-Marsan.

LOIR-ET-CHER, BEAUCE.

2e classe pour les droits de circulation.

Hectares de vignes, 23,000, appartenant à 22,000 propriétaires, produisent 300,000 hectolitres de vin, dont 250,000 hectolitres sont consommés dans le pays; le surplus est livré au commerce.

Le territoire de Blois produit des vins noirs qui ont pour unique qualité de communiquer leur couleur à des vins clairets et blancs dans une proportion au moins quadruple de leur volume. Bien qu'ils soient peu spiritueux, ils se conservent bien et peuvent rétablir ceux qui ont un commencement d'altération. Les plus foncés en couleur sont récoltés dans les vignobles de Jarday, Villesecrose, Francillon et Villebaron. Blois récolte aussi des vins rouges et des vins blancs qui, dans les chais, donnent de bons vins ordinaires. On cite ceux de la côte des Grouets, sur la rive droite de la Loire.

Depuis Montrichard jusqu'à Saint-Aignan, sur le Cher, on récolte des vins dit du Cher qui ont une belle couleur, sont corsés, spiritueux et de bon goût; les meilleurs sont récoltés à Thésée et à Mouthou-sur-Cher. Après ces derniers, on cite Bourré, Montrichard, Chissay, etc., sur la rive droite; Mareuil, Pouillé, Augé, Faverolles, Saint-Georges et Lusillé, sur la rive gauche du Cher. Le Clos-de-Chanjoley, à Meusnes, est renommé comme supérieur à ceux de ce dernier territoire.

Onzain et tous les vignobles de la côte qui s'étend jusqu'à Amboise, ainsi que la contrée qui s'étend jusqu'à Beaugency, produisent des vins d'une assez belle couleur, moins spiritueux que les précédents, mais d'un goût plus agréable.

Les vins blancs de Saint-Dié et ceux de la Sologne présentent des choix de bon goût et qui sont estimés ; les vins blancs qu'on convertit en eau-de-vie, dans les années abondantes, fournissent un produit de bonne qualité.

LOIRE, Forez.

3e classe pour les droits de circulation.

Hectares de vignes, 13,500, possédés par 20,000 propriétaires, produisent 140,000 hectolitres de vins, dont 120,000 sont consommés dans le pays ; le surplus est livré au commerce.

Lupé, Chuines, Chavenay, Saint-Michel, Saint-Etienne et Boen produisent les meilleurs. Ils ont une belle couleur, du corps, beaucoup de spiritueux et un bouquet léger, mais agréable.

Renaison, Saint-André-D'Achon, Saint-Haon et quelques autres vignobles du territoire de Rouanne, parmi lesquels on place Charlieu, fournissent des vins plus communs que les précédents, et qui se vendent sous le nom de vins de Renaison.

Le Château-Grillet fournit un vin blanc vif très spiritueux et d'un goût fort agréable.

LOIRE (Haute), Vitay.

3e classe pour les droits de circulation.

Hectares de vignes, 5,190, divisés entre 10,600 propriétaires, rendent 90,000 hectolitres de vin qui, sauf quelques exceptions, sont de qualité médiocre et ne suffisent pas à la consommation des habitants.

LOIRE (Inférieure), Bretagne.

2e classe pour les droits de circulation.

Hectares de vignes, 135,000, divisés entre 30,000 propriétaires, fournissent 2,500,000 hectolitres de vin, dont 300,000 sont consommés dans le pays. Le surplus est converti en eau-de-vie ou expédié pour couper avec les gros vins du Midi, ou encore pour fabriquer du vinaigre.

Le Muscadet, du nom du raisin qui le produit, est le plus abondant. Le gros plant Pineau en fournit de supérieurs en qualité.

Varades, Montrelais, La Chapelle, Vallet et quelques autres du territoire de Nantes, fournissent des vins blancs qui ont du corps, spiritueux, agréables et qui supportent bien le transport.

LOIRET, Orléannais.

2e classe pour les droits de circulation.

Hectares de vignes, 66,500, possédés par 31,000 propriétaires, produisent 1,240,000 hectolitres de vins, dont

260,000 sont consommés dans le pays ; le surplus est livré au commerce sous le nom générique de vins d'Orléans. Ils sont légers de couleur, peu spiritueux ; mais ils ont la propriété de se conserver longtemps et de profiter de la qualité que leur donnent des vins plus généreux qu'on y ajoute.

Guigne, Saint-Jean-de-Bray, Saint-Denis-en-Val, Lachapelle, Meung, Beaugency, Bause, Sandillon et quelques autres, fournissent des vins précoces et de bon goût.

Montargis et Pithiviers fournissent beaucoup de vins petits et plus ou moins communs, connus dans le commerce sous le nom de vins de Gatinais.

Marigni et Rebrechien produisent des vins blancs qui ont bon goût et conservent leur blancheur. La plus grande partie des vins blancs communs est convertie en vinaigres dont Orléans a la réputation.

LOT, Quercy.

1re classe pour les droits de circulation.

Hectares de vignes, 44,500, divisés entre 31,000 propriétaires, produisent 445,000 hectolitres de vins, dont 200,000 sont consommés dans le pays ; le surplus est livré au commerce, moins une petite portion qu'on convertit en eau-de-vie.

On fait des vins noirs dans le pays en faisant bouillir le moût ou en faisant griller le raisin au four ; les parties aqueuses étant en moindre volume, la fermentation

est plus active, ce qui contribue à dissoudre plus efficacement les parties colorantes. Cette préparation , la
nature du raisin et du sol procurent à ce vin une teinte
très foncée qui le rend propre à relever les vins faibles
de couleur. Il y a de ces vins qui peuvent fournir jusqu'à
six teintes d'un vin de couleur ordinaire ; ils sont spiritueux et de bon goût et supportent bien le transport.

On récolte aussi dans ce pays des vins de couleur ordinaire et des vins roses, selon que le cépage blanc est
plus ou moins abondant.

Le cru le plus renommé est celui dit Grand-Constant.

Les meilleurs vins noirs sont produits sur le territoire
de Savagnac, Mel-La-Garde, Saint-Henri, Parnac, Saint-
Vincent, La Pistole, Carny, Lusech et Prayssac, arrondissement de Cahors.

Les bons vins de Cahors ont la propriété de se conserver de longues années et de gagner en qualité même
pendant un siècle ; Bordeaux en fait un commerce considérable pour alimenter ses petits vins.

LOT-et-GARONNE, Agenais.

1re classe pour les droits de circulation.

Hectares de vignes, 71,000, possédés par 58,000 propriétaires, produisent 900,000 hectolitres de vins, dont
325,000 sont consommés par les habitants.

Thézac, Péricard, Montflanquin, Buzet, Castelmoron,
La Chapelle, Larocale et quelques autres cantons, produisent des vins d'ordinaire de bonne qualité, qui

4

s'améliorent beaucoup en vieillissant. Presque tous les vins de ce département, qui appartiennent à des bourgeois, sont propres à faire de bons vins ordinaires.

Clairac récolte des vins blancs doux, fins, ayant un très joli bouquet et qui sont assez estimés.

LOZÈRE, Gévaudan.

3ᵉ classe pour les droits de circulation.

Hectares de vignes, 2,000, divisés entre 2,400 propriétaires, produisent 45,000 hectolitres de vins de la plus médiocre qualité, qui ne suffisent pas à la consommation des habitants.

MAINE-ET-LOIRE, Anjou.

2ᵉ classe pour les droits de circulation.

Hectares de vignes, 31,800, possédés par 43,000 propriétaires, fournissent 540,000 hectolitres de vin, dont 120,000 hectolitres sont consommés par les habitants ; le surplus est converti en eau-de-vie, en vinaigre ou livré au commerce.

Champigny, Dampierre, Varrains, Chassé, Saint-Cir-en-Bourg, sur le territoire de Saumur, donnent des vins corsés, bonne couleur, très capiteux. Ils ont de la finesse, un goût agréable et un peu de bouquet ; ils supportent très bien la mer. Plusieurs autres vignobles produisent aussi des vins assez bons, mais inférieurs aux précédents.

Ce pays produit en quantité des vins blancs, dont quelques-uns, dans les premiers choix, peuvent être rangés dans les vins fins ; des vins mousseux qui peuvent aller de pair avec les derniers choix de la Champagne, et enfin, la plus considérable partie est employée dans les mélanges, auxquels ils communiquent un bon goût. Ils donnent de la légèreté aux vins communs, colorés et lourds.

Le principal commerce des vins, eau-de-vie et vinaigre se fait à Angers et principalement à Saumur.

MARNE, Champagne.

2ᵉ classe pour les droits de circulation.

Hectares de vignes, 49,500, partagés entre 27,000 propriétaires, produisent 860,000 hectolitres de vins, dont 260,000 sont consommés dans le pays.

La vigne est cultivée dans tout le département ; mais c'est dans les arrondissements de Reims et d'Epernay que sont situés les coteaux qui produisent les vins de Champagne célèbres dans l'univers.

Vins rouges. Ceux du territoire de Reims participent des qualités des vins des grands crus de la haute Bourgogne, quant à la couleur et au bouquet, et des vins de Champagne pour la légèreté. Les principaux sont récoltés sur les coteaux dits de la montagne de Reims. Ils sont fins, spiritueux, ont de la sève, une belle couleur et un bouquet très délicat. Ils sont plus précoces que les grands vins des autres pays, car on peut les mettre en bouteille à la seconde année. Ils se conservent de huit à dix ans.

Verzy, Verzenay, Mailly, Saint-Basle , Bouzy et le clos Saint-Thierry, produisent des vins qui peuvent être mis au second rang des grands vins de France. Sillery, Ludes, Rilly en produisent qui peuvent presque rivaliser avec ces derniers.

Les territoires de Saint-Thierry, Irigny, Chenay, Villefranqueux et quelques autres, produisent d'excellents vins fins, mais inférieurs aux précédents. Tous ces cantons donnent de très bons vins, dont les qualités sont diverses, mais méritent, malgré leur infériorité relative, de figurer parmi les grands ordinaires.

Plusieurs communes des environs de Châlons et Vitry-sur-Marne fournissent des vins ordinaires.

Vins blancs. Le prix élevé des vins mousseux de Champagne tient autant aux frais considérables que leur fabrication nécessite qu'à leur qualité remarquable. La casse des bouteilles, les pertes de liquide par le dégorgement sont les principales pertes qui grèvent ces vins.

Les vins de première qualité sont faits avec des raisins noirs et des raisins blancs dans diverses proportions. Les premiers donnent la force et le corps, et les seconds la finesse et les propriétés mousseuses. C'est avec ce mélange qu'on prépare le grand mousseux.

On fait encore avec les raisins rouges, soigneusement mondés des grains verts ou altérés, des vins peu mousseux, dits crémauts, qui ont beaucoup de spiritueux et de sève ; on prépare également, avec des raisins blancs seulement, des vins mousseux, dont quelques-uns ont autant de qualités que ceux provenant du mélange des noirs et des blancs.

La fabrication des vins mousseux est soumise à une foule de vicissitudes dont les causes restent souvent inconnues. On met ces vins en bouteille de mars à mai, qui suivent la récolte. La fermentation commence en juin et dure tout l'été. L'époque la plus critique est celle où la vigne entre dans ses phases de floraison et de maturation. Les temps d'orages exercent aussi une influence très considérable. Il est dangereux, dans ces moments, de traverser les caves, à cause des éclats de verre qui partent de toutes parts. La fermentation s'arrête à l'hiver, et ne reprend, mais faiblement, que l'année suivante.

Le dégorgement se fait chaque fois qu'il se forme des dépôts. La limpidité et la transparence sont une des qualités essentielles de ce vin.

Les vins de Champagne sont, à bon droit, préférés à tous ceux de même genre qu'on prépare dans les autres vignobles. Cela tient à ce qu'ils possèdent à un degré plus complet toutes les propriétés qui caractérisent ce genre de vins.

On compte un grand nombre de qualités de vins de Champagne. Le plus justement estimé est celui de Sillery, qui se distingue par sa couleur ambrée. Corsé, spiritueux, il a un bouquet suave qui lui est particulier ; sec et tonique, il laisse la bouche fraîche, et on peut en boire une certaine quantité sans en être incommodé.

C'est surtout frappé de glace qu'il développe toutes ses belles propriétés.

Le territoire d'Epernay fournit des vins doux, délicats, parfumés, fins et plus légers que ceux de Sillery. Les principaux vignobles sont à Ety, Marcuil-sur-Ay et Dizy.

Les vignobles de Cramant, Le Meril et Avize produisent principalement des vins blancs qui ont de la finesse, de la légèreté et de l'agrément. C'est parmi ces derniers qu'on trouve les vins dits tisane, que les médecins recommandent dans les maladies de la vessie. On ne les met en bouteille qu'un an après la récolte.

Les vignobles d'Ay et de Sillery fournissent aussi des vins de tisane qui ont plus de corps et sont plus recherchés que les précédents ; on les boit frappés de glace comme les grands vins de Sillery.

Ce département produit encore une très importante quantité de vins blancs, qui sont expédiés pour être mêlés avec des vins d'autres vignobles destinés à être champagnisés.

Les principales caves, creusées dans le roc à dix ou douze mètres de profondeur, sont à Reims, Epernay et Avize.

MARNE (Haute), Champagne.

2e classe pour les droits de circulation.

Hectares de vignes, 15,000, possédés par 31,315 propriétaires, produisent 650,000 hectolitres de vins, dont

300,000 sont consommés dans le pays ; le surplus est livré au commerce.

Le territoire d'Aubigny et Montsaugeon produisent des vins légers de couleur, très délicats et d'un agréable bouquet. D'autres cantons récoltent des vins d'assez bonne qualité ; mais le plus grand nombre produit des petits vins communs et faibles.

MAYENNE, Maine.

4e classe pour les droits de circulation.

Hectares de vignes, 780, divisés en 1,250 propriétaires, produisent 8,500 hectolitres de vin de mauvaise qualité.

MEURTHE, Lorraine.

2e classe pour les droits de circulation.

Hectares de vignes, 16,000, possédés par 35,000 propriétaires, produisent 840,000 hectolitres de vin, dont 500,000 sont consommés dans le pays.

Le territoire de Toul fournit les plus estimés ; ils sont assez délicats, de couleur convenable et de bon goût ; ceux des arrondissements de Lunéville et de Nancy, sauf quelques exceptions, sont faibles, colorés, froids et troublés.

MEUSE, Lorraine.

2e classe pour les droits de circulation.

Hectares de vignes, 12,750, partagés entre 30,800 propriétaires, produisent 500,000 hectolitres de vin, dont

400,000 sont consommés dans le pays; le surplus est livré au commerce.

Bar-le-Duc et Bussy-la-Côte récoltent des vins légers, délicats et agréables. Les vignobles Dappremont, Liouville, Buxières et quelques autres de l'arrondissement de Commercy donnent des vins qui ont un bon goût et qui supportent assez bien le transport.

MOSELLE, Lorraine.

2ᵉ classe pour les droits de circulation.

Hectares de vignes, 5,300, divisés entre 15,000 propriétaires, produisent 260,000 hectolitres de vin, qui sont en très grande partie consommés par les habitants.

Le territoire de Metz, sur la rive gauche de la Moselle, renferme les principaux vignobles. Ses vins ont une belle couleur et assez bon goût. Les vins blancs sont légers, agréables, mais ne se conservent pas longtemps.

NIÈVRE, Nivernais.

2ᵉ classe pour les droits de circulation.

Hectares de vignes, 9,800, divisés par 21,000 propriétaires, produisent 280,000 hectolitres de vins, dont 180,000 sont consommés par les habitants; le surplus est livré au commerce.

Pouilly-sur-Loire produit des vins blancs qui ont du corps, un léger parfum de pierre à fusil et un goût fort agréable; ils conservent assez longtemps leur douceur et leur blancheur. On estime surtout ceux de la Prée,

Losserie et des Nues; les autres vignobles expédient à Paris leurs vins blancs inférieurs, sous le nom de Pouilly.

OISE, Ile de France.

3e classe pour les droits de circulation.

Hectares de vignes, 2,530, divisés entre 30,000 propriétaires, fournissent 75,000 hectolitres de vins qui, avec 725,000 hectolitres de cidre qu'on récolte, sont consommés dans le pays.

ORNE, Normandie.

4e classe pour les droits de circulation.

Ce département récolte 750,000 hectolitres de cidre de très bonne qualité.

PUY-de-DOME, Auvergne.

2e classe pour les droits de circulation.

Hectares de vigne, 21,000, divisés entre 52,000 propriétaires, fournissent 400,000 hectolitres de vins, dont la moitié à peu près est consommée dans le pays; une autre partie est convertie en eau-de-vie, et le surplus est livré au commerce qui les recherche pour leur précocité et la propriété qu'ils ont de faire bon emploi dans les mélanges.

Le vignoble de Chauturge produit un vin léger, délicat et d'un très agréable goût; il acquiert de la finesse et du parfum en bouteille, mais il ne supporte pas le transport.

Le territoire de Chateldon possède des vins légers de couleur, des vins gris, qui sont délicats et très spiritueux; celui de Ris en produit d'un peu moins bons, mais plus colorés.

Les autres vignobles fournissent des vins dont quelques choix ont du mérite; mais la plupart sont dépourvus de spiritueux.

Le territoire de Clermont offre quelques bons vins blancs qui ne sont dépourvus ni d'agrément, ni de qualité. Corent fournit quelques vins blancs qui moussent et qui conservent un goût liquoreux qui les rend très agréables; mais cette qualité dure peu.

Les vins de ce pays, connus à Paris sous le nom de vins d'Auvergne, sont recherchés pour les mélanges, auxquels ils donnent de la fermeté.

PYRÉNÉES (Basses), Béarn.

1re classe pour les droits de circulation.

Hectares de vignes, 23,200, divisés entre 26,700 propriétaires, produisent 380,000 hectolitres de vin, dont 100,000 sont consommés dans le pays.

Le territoire de Pau produit d'excellent vin, dit de Jurançon et de Gan; ses vins rouges et blancs paillés jouissent d'une grande réputation et sont dignes de figurer au second rang des grands vins de France. Ils sont moelleux, d'une belle couleur, beaucoup de corps, de sève et ont un bon bouquet.

La plupart des communes de ce département fournissent des vins d'excellente qualité, dont quelques-uns peuvent rivaliser avec les précédents; mais il y a beaucoup de choix à faire.

Ces communes produisent quelques vins blancs de bonne qualité, qui se distinguent par un goût et un parfum qui ont quelque analogie avec ceux de la truffe et qui gagnent en vieillissant. Les autres vins sont plus ou moins inférieurs; mais en général ce pays peut être considéré comme donnant de bons vins.

PYRÉNÉES (HAUTES), BIGORRE.

1re classe pour les droits de circulation.

Hectares de vignes, 15,300, possédés par 23,000 propropriétaires, produisent 370,000 hectolitres de vins, dont 170,000 sont consommés par les habitants.

Le territoire de Tarbes possède à Madiran des vins très colorés, corsés et spiritueux, mais âpres et pâteux; ils ont besoin de vieillir de cinq à huit ans pour avoir un goût agréable. Ils sont généralement plus employés à relever la couleur ou la faiblesse des petits vins que consommés en nature. Les vins des autres communes qui produisent des qualités ordinaires se vendent sous le nom de vins de Madiran, auxquels ils ressemblent comme genre, sauf plus ou moins de qualité relativement.

Le même territoire récolte des vins blancs qui acquièrent de la qualité en vieillissant et un goût de pierre à fusil; mais la plus grande partie est dépourvue de qualité.

PYRÉNÉES (ORIENTALES), ROUSSILLON.

1re classe pour les droits de circulation.

Hectares de vignes, 59,530, partagés entre 26,800 propriétaires, produisent 860,000 hectolitres de vin, dont 180,000 sont consommés dans le pays, une partie est convertie en eau-de-vie très estimée, et le surplus est livré au commerce de tous les pays, qui les recherche pour les services nombreux que ces magnifiques vins peuvent rendre.

Banguls-sur-Mer produit les meilleurs vins rouges du Roussillon. Ils ont une couleur riche et très foncée, pleins de spiritueux et de corps, moelleux, veloutés et de fort bon goût; très vieux, ils prennent une couleur d'or: on les désigne alors sous le nom de Rancio. Ce genre de vin est très tonique et peut lutter de mérite avec les plus réputés du globe. Cosperon, Collioure et Port-Vendres en récoltent dont la qualité approche beaucoup du précédent.

Espira-de-Lagly, Rivesaltes, Salces, Baixas, Pesilla et Villeneuve-de-la-Rivière fournissent des vins qui ont une très belle couleur, beaucoup de corps et de spiritueux et un bon goût. Ils s'expédient pour toute la France, Paris particulièrement, et pour l'exportation en Suisse, en Allemagne et dans le nord de l'Europe.

Torremila, Terrats et Esparron, au nord de Perpignan, récoltent des vins plus légers, qui ont de la finesse, un arôme fort agréable et sont d'excellents vins de table.

L'arrondissement de Prades ne produit guère que des vins de qualité inférieure. La plupart des vins de ce pays, lorsqu'ils sont jeunes, ne conviennent pas pour boire seuls; ils ont un goût de douceur, sont trop colorés, lourds et pâteux. Ils conviennent surtout pour donner de la couleur, du corps et du spiritueux aux vins qui en sont dépourvus; ils sont vins de mélange par excellence.

Le Roussillon produit des vins blancs en grande quantité et des vins de liqueur surtout. Rivesaltes recolte un vin muscat qui n'a pas son égal en France; il a de la finesse, du feu et un excellent parfum qui laisse la bouche fraîche et embaumée. Banguls, Cosperon et Collioure préparent un vin de grenache qui ressemble au vin de Chypre. Salces fournit un vin blanc moins liquoreux que celui de Rivesaltes; on le désigne dans le pays sous le nom de Macabo. Il a quelque analogie avec le vin de Tokay, de Hongrie.

RHIN (Bas), Alsace.

3e classe pour les droits de circulation.

Hectares de vignes, 13,100, divisés entre 39,200 propriétaires, produisent 550,000 hectolitres de vin, dont 200,000 sont consommés par les habitants. On y fabrique plus de 100,000 hectolitres de bière fort estimée et connue sous le nom de bière de Strasbourg.

Ce département récolte peu de vins rouges. On cite ceux de Wolxheim et de Neuwiller comme étant les meilleurs.

Molsheim et Wolxheim, situés sur le territoire de Strasbourg, fournissent des vins blancs qui ont un excellent goût, de la sève, un bouquet très agréable et beaucoup de corps. Ces vins se conservent plus longtemps que ceux des autres parties du pays qui offrent plusieurs choix d'assez bonnes qualités, mais qui ne durent pas.

On récolte ou on prépare à Hiéligenstim et quelques autres cantons un vin muscat agréable, mais moins bons que ceux du midi de la France.

RHIN (HAUT), ALSACE.

3ᵉ classe pour les droits de circulation.

Hectares de vignes, 12,600, divisés entre 36,300 propriétaires, rendent 650,000 hectolitres de vin, dont 230,000 sont consommés dans le pays; le surplus est livré au commerce.

Le territoire de Colmar produit quelques vins rouges de bonne qualité, qui ont quelque ressemblance avec les bons ordinaires de Bourgogne et qui se conservent bien. Riquewhir, Ribbeauvillé et quelques autres vignobles produisent les meilleurs.

Les vins blancs ont plus de réputation; ils sont secs, corsés, spiritueux, ont une bonne sève, un goût de noisette et un bouquet aromatique très agréable. Guebwiller, Turckheim, Riquewhir, Ribeauvillé, Thann et quelques autres cantons sont ceux qui donnent les plus estimés. Riquewhir et Ribeauvillé fournissent des vins dits Gentils qui sont excellents et très réputés. On prépare à Colmar et dans quelques autres cantons un vin dit de paille qui, en bonne année, acquiert des qualités remarquables qui le font ressembler au vin de Tokay et lui assignent une bonne place parmi les vins de liqueur de France.

RHONE, Lyonnais.

3e classe pour les droits de circulation.

Hectares de vignes, 30,500, partagés entre 29,200 propriétaires, fournissent 700,000 hectolitres de vin, dont 200,000 environ sont consommés par les habitants. La ville de Lyon fabrique une très importante quantité d'excellente bière.

Les vins de tous les vignobles qui bordent le Rhône sont en général corsés, spiritueux, de bon goût, solides et supportent très bien la mer. Le territoire d'Ampuis produit les Côte-Rôtie Brune et Côte-Rôtie Blonde, dont les vins renommés ont du corps, du spiritueux, de la finesse, de la sève et un bouquet très agréable. Celui de Verinay produit des vins de même nature qui sont vendus sous le nom de Côte-Rôtie; mais ont un peu moins de qualité.

Les vignobles de Sainte-Foy, les Barolles et Millery donnent des vins agréables, plus légers et moins estimés que les précédents. Les vins communs de ce pays sont grossiers, acerbes et d'un goût de terrain désagréable.

Condrieu donne de forts bons vins blancs, qui sont spiritueux, ont beaucoup de sève, un bouquet très suave et durent longtemps.

L'arrondissement de Villefranche fournit beaucoup de vins rouges, connus sous le nom de Beaujolais ou Màconnais. Chenas, Julliénas, Fleury, Lanciè, Odenas, Saint-Lager, Margon, Saint-Etienne, Jullié et quelques autres fournissent des vins plus ou moins corsés, ayant beaucoup de bouquet, mais dépourvus de finesse.

Plusieurs communes du territoire de Baujeu et Belleville-sur-Saône donnent beaucoup de vins blancs ordinaires qui présentent un grand nombre de choix.

SAONE (HAUTE), FRANCHE-COMTÉ.

3e classe pour les droits de circulation.

Hectares en vignes, 13,850, divisés entre 26,200 propriétaires, produisent 400,000 hectolitres de vin, dont 250,000 sont consommés par les habitants. Ce département distille le vin de cerise, dont les principales fabriques, de Claire-Goutte et de Fougerolles, donnent 4,000 hectolitres de kirchwaser.

Les principaux vignobles sont ceux de Ray, Gy et Chariez; leurs vins sont délicats, se conservent longtemps et acquièrent quelque bouquet en vieillissant. La plupart des autres territoires ne fournissent que des vins sans mérite, sauf quelques rares vignobles.

SAONE-ET-LOIRE, MACONNAIS.

3e classe pour les droits de circulation.

Hectares de vignes, 38,900, divisés entre 47,200 propriétaires, produisent 1,000,000 d'hectolitres de vins, dont 260,000 sont consommés dans le pays ; le surplus est livré au commerce, qui l'expédie dans le nord de la France et en Allemagne.

Les vins de ce département, avec ceux de l'arrondissement de Villefranche (Rhône), sont généralement connus sous le nom de vins du Mâconnais et du Beaujolais. Ce sont des vins ordinaires par excellence, vifs, plus ou moins colorés et spiritueux, mais toûjours de bon goût ; d'un bouquet prononcé, mais dépourvus de suavité et de finesse. Il en faut excepter ceux du territoire de Romanèche, qui fournit les meilleurs vins : les crus de Moulin-à-Vent, en première ligne, les premiers de Thorins suivent de près. Ces vins ont de la finesse, du spiritueux, de la délicatesse et un joli bouquet.

Il faudrait un volume pour énumérer tous les vignobles de ce riche et productif pays. Tout le département, à part l'arrondissement d'Autun, qui, sauf quelques exceptions, ne donne que des vins communs qui ne se conservent pas, produit, avec l'arrondissement de Villefranche, une très grande quantité de bons vins d'ordinaire.

Pouilly récolte des vins blancs très estimés, moelleux, fins, corsés, très spiritueux, mais un peu fumeux. Fuissé, Solutré, Vergisson et plusieurs autres localités fournissent des vins blancs qui participent, bien qu'inférieurs à divers degrés, des qualités de celui de Pouilly.

SARTHE, Maine.

3e classe pour les droits de circulation.

Hectares de vignes, 10,500, divisés entre 16,500 propriétaires, produisent 150,000 hectolitres de vins. Il s'y récolte encore 230,000 hectolitres de cidre ; presque tout le produit est consommé dans le pays.

L'arrondissement de la Flèche possède quelques vignobles qui, en bonne année, fournissent des vins de bonne qualité.

Mareuil et quelques vignobles de l'arrondissement de Saint-Callais produisent d'assez bons vins blancs ; le surplus est commun et d'un goût de terroir désagréable.

SAVOIE (Haute).

2e classe pour les droits de circulation.

Environ 12,000 hectares de vignes, divisés entre un très grand nombre de propriétaires, produisent environ 250,000 hectolitres de vins, dont la plus considérable partie, d'assez médiocre qualité, est consommée dans le pays. Le peu de soins qu'on y apporte dans le choix des cépages et dans la préparation du vin ne contribue pas peu à entretenir cette fâcheuse infériorité.

Le coteau d'Altesse est renommé pour ses vins blancs ; ils sont fins, spiritueux, doux et agréable. On en cite plusieurs autres dans le pays comme ayant de la qualité bien qu'inférieurs aux précédents.

SEINE, Ile-de-France.

3e classe pour les droits de circulation.

Hectares de vignes, 3,100, divisés en 5,600 propriétaires, produisent 120,000 hectolitres de vins de mauvaise qualité.

Paris possède de vastes entrepôts réels et fictifs, qui en font le plus vaste marché vinicole de l'univers.

SEINE-et-MARNE, Brie.

3e classe pour les droits de circulation.

Hectares de vignes, 13,000, partagés entre 27,000 propriétaires, produisent 550,000 hectolitres de vins, dont 250,000 sont consommés par les habitants. Ce département produit en outre 25,000 hectolitres de cidre.

Fontainebleau possède les plus importants vignobles qui donnent des vins assez corsés, colorés et francs de goût.

Sauf quelques exceptions, les arrondissements de Melun et Meaux produisent des vins froids, verts et dépourvus de spiritueux.

SEINE-et-OISE, Ile-de-France.

3e classe pour les droits de circulation.

Hectares de vignes, 13,400, possédés par 95,000 propriétaires, produisent 550,000 hectolitres de vins, dont 420,000 sont consommés dans le pays. On récolte

135,000 hectolitres de cidre et on y fabrique 10,000 hectolitres de bière.

Les vins de Septeuil ont assez de corps. Ceux d'Athis sont légers et agréables ; ceux de Montmorency ont bon goût quoique communs, et ceux d'Argenteuil, qui en produisent beaucoup, sont verts, presque acerbes ; ils ont un goût de terroir et une odeur désagréable communiqués par les engrais.

Mignaux, près Versailles, fournit des vins blancs légers et agréables.

SÈVRES (DEUX), POITOU.

2ᵉ classe pour les droits de circulation.

Hectares de vignes, 201,500, divisés entre 8,500 propriétaires, produisent 280,000 hectolitres de vins, dont 160,000 sont consommés dans le pays.

Les vins de ce pays sont généralement dépourvus de mérite ; quelques vignobles en récoltent d'assez bonne couleur et bon goût.

La production la plus considérable consiste en vins blancs qu'on convertit en eau-de-vie et que l'on vend sous le nom d'eau-de-vie de Saintonge.

TARN, ALBIGEOIS.

1ʳᵉ classe pour les droits de circulation.

Hectares de vignes, 60,600, partagés entre 39,300 propriétaires, produisent 360,000 hectolitres de vins, dont 200,000 environ sont consommés dans le pays.

L'arrondissement d'Alby, dans les vignobles de Cunac, Caisaguet, Saint-Juéry, Saint-Amarens et quelques autres sur les coteaux, fournit des vins de bonne qualité, moelleux, légers, délicats et parfumés. Les vins de celui de Gaillac sont plus corsés, plus spiritueux et plus colorés, mais moins délicats que les précédents. Ils supportent tous parfaitement le transport par mer, qui les améliore beaucoup.

Milhars, la Grave, Rabastens et quelques autres communes fournissent des vins du même genre, mais inférieurs en qualités.

Gaillac produit des vins blancs qui ont du corps, de la douceur, du spiritueux et un goût très agréable; ils supportent aussi bien la mer que le vin rouge.

Le commerce se fait pricipalement à Alby et à Gaillac.

TARN-ET-GARONNE, Quercy.

1re classe pour les droits de circulation.

Hectares de vignes, 40,000, partagés entre 10,000 propriétaires, produisent 465,000 hectolitres de vins, dont 190,000 sont consommés dans le pays.

L'arrondissement de Castelsarrazin, dans les vignobles de Fau, Auvillar, Saint-Loup, Lavilledieu et quelques autres, fournit les meilleurs vins du département. Ils ont du spiritueux, une belle couleur, un très bon goût et se conservent bien.

L'arrondissement de Moissac récolte des vins un peu

inférieurs aux précédents ; mais quelques bons choix peuvent rivaliser avec eux.

La place de Montauban est le principal centre des affaires.

VAR, Provence.

1re classe pour les droits de circulation.

Hectares de vigne, 51,000, possédés par 55,600 propriétaires, produisent 1,970,000 hectolitres de vins, dont 320,000 sont consommés par les habitants ; une partie est convertie en eau-de-vie et le surplus livré au commerce.

Le territoire de Grasse produit, dans les vignobles de la Gaude ; celui d'Antibes dans ceux de Saint-Laurent, Cagnes, Saint-Paul et Villeneuve, des vins très corsés, colorés et fumeux, qui, à l'âge de cinq ou six ans, deviennent de très bon goût.

Le territoire de Toulon et dans les environs du fort La Malgue, récolte des vins rouges très bons, plus légers et très précoces ; ils se conservent bien et acquièrent beaucoup de qualité. Les vignobles de Bandols, le Cattellet, Saint-Cyr et le Beausset donnent des vins très spiritueux, d'une couleur foncée, très droits de goût et d'une longue conservation, supportant bien la mer. Ils sont connus dans le commerce sous le nom de vins de Bandols. Plusieurs autres vignobles de même territoire fournissent des quantités importantes de vins plus ou moins inférieurs en qualité aux précédents et qui les remplacent assez souvent. La plupart de ces vins et ceux de même nature des départements voisins sont connus à Paris sous la désignation de vins de Marseille.

Le commerce se fait en vignoble à Toulon et à Marseille.

VAUCLUSE, Comtat d'Avignon.

1re classe pour les droits de circulation.

Hectares de vignes, 57,000, divisés en 39,300 propriétaires, produisent 1,300,000 hectolitres de vins, dont 180,000 sont consommés dans le pays ; le surplus est livré au commerce et à l'exportation.

On cite comme les plus estimés ceux des vignobles du Châteauneuf-du-Pape, dits le clos de la Nerthe ; le clos Saint-Patrice et les crus Bocoup et Cotteau Pierreux, à Sorgues ; le coteau Brulé et ceux de Saint-Sauveur. Ces vins sont chauds, fins, délicats, d'un goût agréable et ont un excellent bouquet de vin fin.

Les territoires d'Avignon et de Carpentras produisent une assez grande quantité de choix nombreux de vins de bonne qualité. Légers et agréables, les vins de la plaine sont lourds et grossiers.

Beaume fournit des vins muscats fort agréables ; Mazan prépare des vins cuits dits de Grenache, qu'on remonte avec de l'eau-de-vie.

Le commerce se fait au vignoble et sur les places d'Avignon, Carpentras et Orange.

VENDÉE , Poitou.

2ᵉ classe pour les droits de circulation.

Hectares de vignes, 16,500, possédés par 72,400 propriétaires, produisent 265,000 hectolitres de vins de très médiocre qualité, qui sont consommés dans le pays.

L'arrondissement de Fontenay possède quelques vignobles qui produisent des vins rouges et blancs qui ne sont pas dépourvus de qualité et peuvent figurer parmi les bons ordinaires.

VIENNE , Poitou.

2ᵉ classe pour les droits de circulation.

Hectares de vignes, 28,000, divisés en 53,000 propriétaires, produisent 660,000 hectolitres de vins, dont 240,000 sont consommés dans le pays ; une partie est convertie en eau-de-vie de bonne qualité, et le surplus livré au commerce.

L'arrondissement de Poitiers possède plusieurs vignobles qui donnent des vins de belle couleur, spiritueux et de bon goût ; ils s'améliorent en vieillissant. Celui de Chatellerault est inférieur pour la qualité de ses produits.

Les vins blancs de Loudun sont spiritueux et bons ; ils ont de la ressemblance avec ceux de la côte de Saumur ; les qualités inférieures servent aux mélanges ou sont converties en eaux-de-vie. Le commerce se fait sur la place de Poitiers.

VIENNE (HAUTE) ; LIMOUSIN).

3e classe pour les droits de circulation.

Hectares de vignes, 1,640, produisent 27,000 hectolitres de vins plats et sans qualités ; le sol n'est pas favorable à cet arbuste quelques soins qu'on apporte à sa culture. Ce département importe des pays voisins 150,000 hectolitres de vins pour satisfaire aux besoins de ses habitants.

VOSGES, LORRAINE.

3e classe pour les droits de circulation.

Hectares de vignes, 4,250, divisés entre 12,700 propriétaires, donnent 150,000 hectolitres de vin d'assez médiocre qualité, sauf quelques vignobles dont la réputation ne s'étend pas au-delà de leur arrondissement. Cette quantité ne suffit pas aux habitants, qui en importent environ 30,000 hectolitres et fabriquent 18,000 hectolitres de bière.

YONNE, BASSE-BOURGOGNE.

2e classe pour les droits de circulation.

Hectares de vignes, 37,500, possédés par 50,000 propriétaires, produisent 1,000,000 d'hectolitres de vin, dont 270,000 sont consommés dans le pays, et le surplus est livré au commerce.

Ce département, dont la culture de la vigne occupe une grande surface, est l'un des plus importants, sous ce rapport, de la France, tant pour la qualité que pour la quantité de ses produits. L'ordre de mérite de vins de ce pays se range par cuvée et d'après les principaux vignobles que la plantation du cépage, dit Gamay, n'a pas envahis.

Vins rouges, premières cuvées. Dannemoine possède la Côte des Olivotes, Tonnerre les Cotes de Pitoy, des Perrières et des Grandes Poches; Auxerre, les Clos de la Chaînette et le coteau de Migraine. Les produits de ces vignobles sont très spiritueux, d'une belle couleur, de beaucoup de corps, froids, délicats, de la sève et un excellent bouquet; on leur reproche d'être un peu fumeux; mais cet inconvénient que tous n'ont pas disparaît en vieillissant.

Deuxièmes cuvées. La grande Côte d'Auxerre renferme plusieurs vignobles qui produisent des vins un peu moins parfaits que les précédents, mais qui suivent de près les crus Beauvais et Pertuis-Batteaux, à Tonnerre. Epineuil fournit des qualités qui peuvent rivaliser avec les premières cuvées à Irancy. La Côte de la Palotte, les Craies, les Lorraines et les Marguerites, à Dannemoine. La cuvée dite de Seigneur, à Coulanges la Vineuse, qui a beaucoup perdu de son ancien renom par l'introduction de gros plants qui fournissent beaucoup aux dépens de la qualité.

Troisièmes cuvées. Les deuxièmes choix de la grande côte d'Auxerre, celles de Vincelottes, Avallon, Vezelay, Givrey, la côte Saint-Jacques et Joigny.

Quatrièmes cuvées. Chenay, Vaulichères, Tronchoy, Cravaut, Sussy, Vermenton, Joigny, Saint-Bris, Arcy-sur-Cure, Pontigny, Vésimes, Junay, la côte de Crève-cœur, à Paron, et quelques autres vignobles.

Plusieurs territoires produisent des vins dont la qualité varie des plus ordinaires aux plus communs et sans qualité.

Vins blancs. Junay, Epineuil, Chablis, Tonnerre, Dannemoine et Fley fournissent les vins blancs les plus estimés de ce département et qui peuvent rivaliser avec ceux des premières cuvées de Marsault (Côte-d'Or). Ils sont spiritueux, ont du corps, de la finesse, un excellent bouquet, et ils ont la propriété de conserver leur blancheur brillante sans tourner à la couleur ambrée, comme presque tous les vins blancs.

Les mêmes territoires fournissent des qualités qui, comme pour les vins rouges, s'établissent dans leur ordre de mérite. Le commerce expédie ces vins sous le nom de vins de Châblis, quelle que soit, au reste, la cuvée qui les a produits.

Les vins de ce pays ont un caractère général qui ne permet pas au commerçant le plus inexpérimenté de les confondre avec ceux des autres pays, aussi bien pour les rouges que pour les blancs.

Le tonneau d'usage est le muid, composé de deux feuillettes, contenant 136 litres chacune. Le commerce se fait dans les principaux vignobles et sur les places d'Auxerre, Chablis, Tonnerre, Avallon, Joigny, Ville-

neuve-le-Roy et Sens, par l'entremise des commission-
naires ou des tonneliers.

ALGÉRIE.

En 1864, l'étendue cultivée dans toute cette colonie
s'est élevée à 35,141 hectares, qui ont produit 70,161
hectolitres de vin et 7,357,611 kilogrammes de raisin,
qui se répartissent ainsi : Alger, 4,158 hectares ont produit 33,282 hectolitres de vin; Oran, 3,351 hectares ont
donné 29,834 hectolitres, et Constantine, 27,642 hectares n'ont fourni que 7,345 hectolitres, attendu que la
vigne nouvellement plantée ne produit pas ou produit
peu. C'est principalement sur le territoire militaire de
Sétif que les plantations récentes ont été faites. Les indi-
gènes y ont contribué dans la majeure proportion.

Les plantations de cépage à vin rouge occupent une
étendue de 19,044 hectares, et les cépages blanc 16,107.
A âge et rendement égaux, les contrées civilisées par
les Européens fournissent plus de vin, par le motif que
la religion mahométane en défendant l'usage aux indi-
gènes, ils consomment en fruit la plus importante partie
de leur récolte.

Les vins de l'Algérie sont généralement de bonne qualité ; on leur reproche d'avoir une pointe de maturité
qui les pousse facilement à un commencement de fermentation acide. Il est probable que ce pays, encore
dans l'enfance des procédés de vinificature, n'apporte

pas tous les soins désirables à la préparation des vins et à la température des celliers où on les garde.

Malgré les accroissements de produit, les importations des vins de France ne semblent pas vouloir diminuer, puisque, d'après le même document, on constate une progression ascendante pour 1865.

Grands Vins rouges français.

BASSES-PYRÉNÉES (3e classe). Les meilleurs de Jurançon et de Gan.

CÔTE-D'OR (1re classe). Romancé-Conti, Chambertin, le Clos Vougeot, la Romancé, Saint-Vivant, la Tâche. — (2e classe). Le Clos Saint-Georges, Corton et les premières cuvées de Volnay et de Nuits.

DRÔME (1re classe). Ermitage. — (2e classe). Choix de Meal, Gréfieux, Beaume, Roucoule, Muret, Guionnière, les Burges et les Lauds.

GIRONDE (1re classe). Château-Margaux, Château-Latour, Château-Lafitte et Château-Haut-Brion, qui sont les quatre premiers crus. — (2e classe). Lascombe, les deux Rauzan, les trois Léoville, Laroze, de Gorce, Brane-Mouton, Pichon-Longueville, qui sont les deuxièmes crus. — (3e classe). Les premiers choix des communes de Cantenac, Margaux, Saint-Julien, Saint-Laurent, Saint-Gemme et Saint-Estèphe, qui produisent le troisième cru.

LOT (2e classe). Les Cahors grand constant.

MARNE (3e classe). Premier choix de Verzy, Verzenay, Saint-Barle, Bouzy et du Clos Saint-Thierry.

PYRÉNÉES-ORIENTALES (3e classe). Le premier choix de Banguls, Cosperon et Collioure.

VAUCLUSE (3e classe). Clos de la Nerthe, Châteauneuf-du-Pape.

YONNE (3e classe). Le Clos de la Chaînette, le Clos de Migreine, le Clos des Olivottes et celui de la Palotte.

Grands Vins blancs français.

CÔTE-D'OR (1re classe). Les trois Montrachit. — (2e cl.) Premières cuvées de Meursault.

DRÔME (1re classe). Ermitage blanc.

GIRONDE (1re classe). Château-Yquom. — (2e classe). Sauternes, Barsac, Bommes, Preignac, Latour-Blanche. — (3e classe). Château-Carbonnieux.

LOIRE (3e classe). Château-Grillet.

MARNE (1re classe). Sillery.

Grands Vins rouges étrangers.

AUTRICHE (2e classe). Mont Calemberg et premier choix de Hongrie.

DUCHÉ DE NASSAU (2e classe). Première qualité d'Asman-hausen.

ESPAGNE (3e classe). Les meilleurs d'Olivenza.

GRÈCE (3e classe). Morée, Ithaque, Zante et Céphalonie.

Ile de Madère (2e classe). Première qualité dit Tinto.

Perse (2e classe). Schiraz et Ispahan.

Portugal (2e classe). Premier choix de Porto et de Moncao.

Turquie (2e classe). Arinse et Mesta.

Grands Vins blancs étrangers.

Allemagne (1re classe). Johannisberg. — (2e classe). Rudesheim, Stéinberg. — (3e classe). Lielfraummilch.

Bavière (3e classe). Premiers crus de Wurtzbourg.

Espagne (2e classe). Les premiers vins secs de Xérès et Paxarète.

Ile de Madère (1re classe). Le vin sec dit Sarcial.

Vins fins rouges français.

Les vins fins sont aussi rangés en trois classes, suivant mérite.

Ardêche (3e classe). Cornas et Saint-Joseph.

Aube (3e classe). Les premiers choix des Riecys, Balnot-sur-Laigne, d'Averny et de Bagneux-la-Fosse.

Basses-Pyrénées (2e classe). Deuxième cru de Jurançon et de Gan.

Côte-d'Or (1re classe). Vosnes, Nuits, deuxième, Volnay, Prémeau', Chambolle, Pommard, Beaune, Moray, — (2e classe). Savigny-Meursault. — (3e classe). Blagny, Gevray, Chassagne, Aloxe, Santenay et Chenove.

DORDOGNE (1re classe). Premiers crus de Bergerac, Creysse. — (2e classe). Ginestet, La Terrasse et Sainte-Foy-des-Vignes.

DRÔME (1re classe). Deuxièmes crus de l'Ermitage, Crozes, Mercural et Gervant.

GARD (3e classe). Chuselan, Taval, Saint-Geniès, Lédenon et Cante-Perdrix.

GIRONDE (1re classe). Les troisièmes crus de Bordeaux non portés aux grands vins, les quatrièmes et cinquièmes crus. — (2e classe). Les bourgeois supérieurs, bon bourgeois et paysans de communes portés aux grands vins, les bons choix des communes de Saint-Sauveur, Lamarque, Cussac. — (3e classe). Saint-Seurin-de-Cadourne, Blanquefort, Ludon, Macau, Labarde, Arsac, Avensac, Castelnau, Conquéques, Fronsac, Saint-Emilion, Canon, Pomerol, Mérignac, Talance, Léognan, Pessac et Queyries.

JURA (3e classe). Les premiers crus du territoire d'Arbois.

MARNE (3e classe). Haut-Villiers, Mareuil, Dirg, Hierry, Epernay, Taing, Ludes et Rilly.

PYRÉNÉES-ORIENTALES. Port-Vendres, deuxièmes crus de Banguls, Cosperon et Collioure.

RHÔNE (1re classe). La Côte-Rôtie. — (3e classe). Vérinai et Fleury.

SAÔNE-ET-LOIRE (2e classe). Thorins. — (3e classe). Chénas, Romanéche et La Chapelle-Guinchay.

SAVOIE (3e classe). Premiers crus de Montmélian, Saint-Jean-de-la-Porte et Mont-Termino.

Var (3e classe). La Gaude, Saint-Laurent et la Malgue.

Vaucluse (3e classe). Clos Saint-Patrice, deuxième cru de Châteauneuf-le-Pape, Sorgues et Aubagne.

Yonne (2e classe). Les Côtes de Pitoy, des Perrières, de Preaux, Epineuil. — (3e classe). Deuxième choix de Tonnerre, Auxerre et Dannemoine.

Vins fins blancs français.

Ardèche (1re classe). Saint-Peray et Saint-Jean.

Basses-Pyrénées. Jurançon, Gan, L'Arronin, Gélos et Mazères, en troisième classe.

Bas-Rhin (2e classe). Molsheins et Volxheim.

Côte-d'Or. Meursault, dans les cuvées de Perrière Combette, la Goutte-d'Or, la Genevrière et les Charmes (1re classe).

Dordogne (1re classe). Bergerac, Sainte-Foy-des-Vignes, Saint-Nexant, en troisième classe.

Gironde (1re classe). Les deuxièmes et troisièmes crus de Sauterne, Bommes, Barsac, Preignac, 1er cru. — (2e classe). Blanquefort, Villenave-d'Ornon, de Leognon, Langon, Toulène, Saint-Pey, Loupiac, Martillac, Sainte-Croix-du-Mont et Fargues.

Haut-Rhin (1re classe). Les vins secs de Guebwiller, Riquewiller, Ribeauvillé. — (2e classe). Turkheim, Bergothzell, Rouffac-Psasenheim, Enghnishem, Insgersheim, Hennevoyer, Katzenthal, Ammexschwir. — (3e classe). Kaiserberg, Kientzheim, Siglasheim et Babeheim.

Jura (2ᵉ classe). Château-Châlon, Arbois et Pupillin.

Lot-et-Garonne (3ᵉ classe). Clairac et Buzet.

Marne (1ʳᵉ classe). Les crus de Cramant, Le Ménil, Avize, Epernay et Saint-Martin d'Ablois.

Rhône. Condrieu.

Saône-et-Loire (2ᵉ classe). Pouilly. — 3ᵉ (classe). Fuissé, premier choix.

Savoie. Le coteau d'Altesse, en première classe.

Yonne (1ʳᵉ classe). Les premières cuvées de Chablis.

Vins fins rouges étrangers.

Allemagne. Le duché de Nassau, du Bas-Rhin, la Bavière et le Wurtemberg fournissent à cette catégorie les deuxièmes et troisièmes choix de leurs vins rouges.

Autriche. Deuxième et troisième choix de Hongrie; premier choix de la Moravie, du Tyrol, de la Carniole, de l'Illyrie et de la Dalmatie.

Cap-de-Bonne-Espérance. Les meilleurs vins rouges secs de cette catégorie.

Espagne. Premier choix de Valdepenas.

Grèce. Corfou, Sainte-Maure, Lépante, Chéronée, Mégare, Poliogema et de Cérigo.

Italie. Carmignano, Monte-Serrato, Albano, Orviéte, Terni, Rari, Reggio, Mascolé et Paro.

Perse. Ceux de Casbin et d'Yesed.

Portugal. Les vins fins de Berra et de Torres-Védras.

Pʀɪɴᴄɪᴘᴀᴜᴛᴇ́s Dᴀɴᴜʙɪᴇɴɴᴇs. Les premiers choix des environs de Cotnac.

Rᴜssɪᴇ. Les bons choix de Koos, de Zimlansk, Scheniedaly, Mokosange, de Tifflis et de Chamakhe.

Sᴜɪssᴇ. Ceux de Faverge et de Cortaillod, en 1er choix.

Tᴜʀǫᴜɪᴇ. Loucovo, Valone, Chartito, Kissamos, Amodes, Kersoan et du Liban.

Vins fins blancs étrangers.

Aʟʟᴇᴍᴀɢɴᴇ. Les deuxièmes et troisièmes choix de ceux cités aux grands vins, et ceux dits de Moselle, Piport, Zettingue, Olisberg et quelques autres.

Aᴜᴛʀɪᴄʜᴇ. Schiracker, Presbourg et les deuxièmes et troisièmes choix déjà cités aux grands vins.

Esᴘᴀɢɴᴇ. Ramio, de Péralta, deuxièmes Xérès, de Montilla et Malaga secs.

Iʟᴇs ᴅᴇ ʟ'Oᴄᴇ́ᴀɴ Aᴛʟᴀɴᴛɪǫᴜᴇ. Les 1ers des îles Ténérilfe, Açores, Canaries et les 2es choix de l'île de Madère.

Iᴛᴀʟɪᴇ. Le vins secs de Marsala et Castel Vatérano.

Pᴇʀsᴇ. Les vins secs de Schiras et d'Ispahan.

Tᴜʀǫᴜɪᴇ. Les vins dits de la Loi, le nectar de Mista et le vin d'Or.

Vins grands ordinaires rouges français.

Aᴜʙᴇ. Deuxième choix de Riceys.

Cᴏ̂ᴛᴇ-ᴅ'Oʀ. Deuxième choix des crus cités aux vins fins, Monthélié, Dijon, Rully, Meursault, Fixin.

Dordogne. Deuxième choix de Bergerac, Lalinde, Beaumont, Côte Saint-Léon.

Gard. Lédanon, Roquemaure et Langlade.

Gironde. Les vins bourgeois et paysans ordinaires de Médoc, les premiers et deuxièmes palus de Quyries, Bassens et Montferrand ; les premiers et deuxièmes choix de Bourg, Fronsac, Saint-Emilion et ceux qui ne sont pas placés dans les catégories précédentes des communes de Blanquefort, Le Pian, Le Taillan, Arsac, Eysines, Saint-Germain, Valeyrac, Civrac, Saint-Trétodi, Saint-Christosy, Blagnan et Mérignac.

Haute-Garonne. Fronton et Villaudric.

Haute-Marne. Aubigny et Monsaugeon.

Haut-Rhin. Deuxième choix de Riquewhir, Ribeau-villiers et autres.

Hérault. Saint-Georges-d'Orques, premier choix.

Indre-et-Loire. Saint-Nicolas de Bourgueil et Joue Noble.

Jura. Les Arsures, Salins, Marnoz, Aiglepierres et deuxième d'Arbois.

Landes. Tursan.

Lot. Premier choix de Cahors et de Gourdon.

Marne. Villadomange, Chamery et Saint-Thierry.

Meuse. Bar-le-Duc, Bussy-la-Côte, Longeville, Savonière, Ligny, Naives, Rosières, Chardogne, Varny et Creuë.

Moselle. Scy, Suissy, Sainte-Ruffine et Sale.

Rhône. Morgon, Ste-Foy, les Barolles, Millery et La Galée.

Saône-et-Loire. Mercurey, Givry, Juliénas.
Tarn. Cunac, Caisaguet, Saint-Amarens et Gaillac.
Yonne. Avallon, Joigny, Coulanges et Irancy.

Grands ordinaires, blancs français.

Aube. Premier choix de Bar-sur-Aube, Rigny-le-Férou et Villenoxe.

Côte-d'Or. Deuxièmes cuvées de Meursault.

Gard. Premier choix de Laudun et Calvisson.

Gironde. Les deuxièmes choix de ceux cités aux vins fins, les bonnes graves, Fargues, Laudiros, Langoiran, Cadillac et autres.

Haut et Bas-Rhin. Deuxième et troisième choix des vignobles cités.

Indre-et-Loire. Les meilleurs de Vauvroy.

Jura. L'Etoile de Quintilly.

Maine-et-Loire. Premières Côtes de Saumur, Parnay et Dampierre.

Marne. Ceux des troisièmes crus cités.

Nièvre. Pouilly-sur-Loire.

Saône-et-Loire. Solutré, premier choix de Vergisson.

Savoie. Marétel, Saint-Innocent et Las Saraz.

Tarn. Premier choix de Gaillac.

Yonne. Junay, Epineuil, Tonnerre et Dannemoine.

Grands ordinaires blancs étrangers.

Espagne. Albaffor et deuxième Valdepenas.
Grèce. Lépante, Chéronée et Mégare.

ITALIE. Les îles d'Elbe, de Sicile, Caprée, Ischia et Lipari.

MOLDAVIE. Ses premiers choix.

PORTUGAL. Lamalongua et Tavira.

RUSSIE. Sudach, Théodesie, Affinay et quelques autres.

SUISSE. Cully et la Côte des Désolés en deuxième choix.

TURQUIE. Deuxième de Candie, Macédoine et Styrie.

Vins bons ordinaires rouges français.

Tous les vignobles cités dans les précédentes catégories fournissent des qualités qui ne peuvent figurer que dans celle-ci, suivant ceux qu'il convient d'y ajouter.

AIN. Les meilleurs vins de Seyessel.

ALPES-MARITIMES. Bellet et les premiers du territoire de Nice.

AUBE. Premier choix de Gyé, Neuville et Laudevelle.

AUDE. Premiers de Treilles, Portel Fitou, Mirepeisset et Ginestas.

BASSES-ALPES. Mées.

BASSES-PYRÉNÉES. Moneim, Aubertin, Conchez, Porlet, Aydie, Aubans, Dieusse, Cisseau, Ponts et Burosse.

BOUCHES-DU-RHÔNE. Séon-Saint-Henry, Séon-Saint-André, Saint-Louis et Château-Combert.

CÔTE-D'OR. Flavigny et les premières qualités de Gamay.

DORDOGNE. Domme, Saint-Cyprien, Cunéges et Chamelade.

DRÔME. Saillans, Vercheny, Die, Rouses, Châteauneuf-du-Rhône, Allan, Monségur et Montélimar.

GARD. Roquemaure, Saint-Gilles, Bagnols et Lédenon.

GERS. Les bons choix de Nogaro.

GIRONDE. Les deuxièmes choix des seconds palus, les premiers des côtes de Blaye, les deuxièmes des côtes de Bourg, les troisièmes de celles de Fronsac et Saint-Emilion, Castillon et Sainte-Foy-la-Grande, Sainte-Eulalie, Saint-Loubes, La Grave et Carbon-Blanc.

HAUTES-PYRÉNÉES. Maudiran, Soublecause, Saint-Lannes et Lascazères.

HÉRAULT. Vérargues, Saint-Christol, Saint-Dresery et Castries, deuxième choix de Saint-Georges.

ILE DE CORSE. Ajaccio, Sari, Vico, Peri, Bastia, Cap-Corse, Calvi, Monte-Magiore, Corte, Bonifacio et Porto-Vecchio.

INDRE-ET-LOIRE. Joué, Saint-Nicolas-de-Bourgeuil, Chinçaux, Bléré, Athée, Civray, Azay, Chenonceaux, Epeigné, Franceuil, Saint-Avertin et quelques autres vignobles.

ISÈRE. Reventin et Seyssuel.

LOIRE. Lupé, Saint-Michel, Chuynes, Boen et Chevanay.

LOT. Premier choix de Pont-l'Evêque et Fumel.

LOT-ET-GARONNE. Péricard et Montflanquin.

MAINE-ET-LOIRE. Champigny.

PYRÉNÉES-ORIENTALES. Espéra-de-Lagly, Rivesaltes, Salces, Pezillas et Baixas.

RHÔNE. Sainte-Foy, les Barolles et Millery, deuxième choix.

SAÔNE-ET-LOIRE. La Côte Châlonnaise, le Mâconnais et

le Beaujolais fournissent un grand nombre de choix à cette catégorie.

Savoie (les Deux). Côte de Chautagne, Touvière et Cantefort.

Tarn. Deuxième de Gaillac, premier de Rabastens.

Var. Bandols, le Cattelet, Saint-Cyr et le Beausset.

Vaucluse. Les deuxièmes choix assez abondants déjà cités.

Yonne. Les choix non cités produisent une nombreuse quantité de ces vins de Joigny, Tonnerre, Auxerre, Avallon et Irancy.

Presque tous les territoires dont il vient d'être fait mention dans la catégorie des vins bons ordinaires, produisent des vins blancs en plus ou moins grande quantité, qui sont en rapport de qualité avec les vins rouges de ces différents vignobles.

Vins ordinaires rouges et blancs français.

Tous les vins qui entrent dans cette catégorie sont ceux qui fournissent la quantité la plus considérable des vins de consommation courante, et dont le commerce est le plus important. Néanmoins, pour figurer ici, ils doivent être dépourvus de goût de terroir, n'être ni lourds, ni grossiers, ni pâteux, ni plats; en un mot, ils doivent aller seuls et pouvoir se conserver, s'améliorer plus ou moins, sans mélange ni addition.

Ain. Seyssel, Champagne, Machurot, Talisseux, Culoz,

Anglefort, Groslée, Saint-Benoist, Virieux, Cirvirieux, Saint-Rambert, Toisieux, Ambérieux, Veaux, Lagnieux, Saint-Sorlin, Villebois et Lhuis, Montmerle, Toiny, Montagneuf et quelques autres donnent des vins rouges et blancs.

Aisne. Pargnan, Craone, Craonelle, Jumigny, Vassogne, Cussy, Bellevue, Roussy, Laon, Cressy, Bièvre, Orgeval, Monchâlons, Ployard, Voursiennes, Arancy, Château-Thierry, Tréloup, Vally et Soupir donnent beaucoup de vins rouges et quelques vins blancs.

Allier. La Garenne du Sel, rouges et blancs.

Alpes-Basses. Deuxième choix des Mées et quelques rouges.

Alpes-Hautes. La plupart de ses vignobles, rouges et blancs.

Ardèche. Mauve, Limoin, Sara, Vion, Aubenas et l'Argentière, rouges et blancs.

Ardennes. Ceux de l'arrondissement de Vouzié, rouges et blancs.

Aube. Bouilly, l'Aine-aux-Bois, Javernot, Souligny, Bar-sur-Seine, Bar-sur-Aube et Lendreville, rouges et blancs.

Aude. Deuxième Fittou, Leucatte, Treilles, Lagrasse et Alet, Limoux et Magrie, rouges et blancs.

Aveyron. Lancedat, Agnac, Marcillac, Cruon et Gradels, rouges et blancs.

Bouches-du-Rhône. Aubagne, Gemenos, Auriol et Cuges, rouges et blancs.

CHARENTE. Saint-Saturnin, Asnières, Saint-Genis, Linards, Moulidas, Fonquebrune, Gardes, Rouillac, Blanzac, Vars, Montignac, Saint-Sernin, Voulhon, Marthon, Mornac, La Couronne, Roulet, Mersac, Julienne et quelques autres, rouges et blancs.

CHARENTE-INFÉRIEURE. Saintes, Chepnier, Fontcouverte, Bussac, La Chapelle, Saint-Romain, Saujon, Le Gua, Saint-Julien, Nouilliers, Matha, Sain-Jean-d'Angély, Marennes, Saint-Just, La Rochelle, les îles d'Oloron et de Ré, rouges et blancs.

CHER. Savignols, Saucerre, Vassely, Fussy et Saint-Amand, rouges et blancs.

CORRÈZE. Les côtes d'Allasac, Saillac, Donzenac, Varest, Mussac, Saint-Bazile, Qeissac, Nonard, Puy-d'Arnac, Beaulieu et Argentat, rouges et blancs.

CORSE. Les troisièmes choix de ces vins cités, rouges et blancs.

CÔTE-D'OR. Tous les vins qui n'ont pas été mentionnés. Ce département produit peu de vins communs.

DORDOGNE. Cadouin, Lemeil, Monpazier, deuxième Domme, Saint-Cyprien, Montignac et les ordinaires de Bergerac, rouges et blancs.

DOUBS. Besançon, Bryans, Mouthier, Lombard, Liesse, Lavant, Jallerange, Châtillon-le-Duc et Pont-Villiers, rouges et blancs.

DRÔME. Les troisièmes choix des vignobles cités et Etoile, Livron et Saint-Paul, rouges et blancs.

GARD. Lacostière, Jonquières, Pujaut, Laudun, Langlade, Vauvert, Millaud, Clavisson, Aigues-Vives et Alais, rouges et blancs.

GARONNE-HAUTE. Deuxième de Villaudric et Fronton, Montesquieu-Volvestre et Buzet, rouges.

GERS. Vertus, Mazères, Vialla, Gouts, Lussan, Ville, Comtal, Mielan, Plaisance, Vic-Fezensac, Valance et Miradoux, rouges et blancs.

GIRONDE. Presque tous les vins rouges et blancs de ce département non cités aux précédentes catégories, les plus communs de la Bénauge et de l'entre-deux-mers exceptés.

HÉRAULT. Garrigues, Perols, Ville-Veyrac, Bousigues, Frontignan, Poussan, Loupian, Mèze, Agde, Pézenas, Béziers, Lodève, Lunel, Montpellier, Lésignan, Saint-Georges et les premiers choix d'Aramont et de Piquepoul, en vins rouges et blancs.

INDRE. Valauñay, Vic-la-Mourtière, Meuil, La Tour du Breuil, Concrémiers et Saint-Hilaire, rouges et blancs.

INDRE-ET-LOIRE. Chinon, Ballan, Luynes, Fondette et les deux choix d'Amboise, rouges et blancs.

ISÈRE. Saint-Chef, Saint-Savin, Jallien, Ruy-les-Roches, Vienne, Lambin, Crolles, La Terrasse, Grignon, Saint-Maximin, Murinais, Bessins, Pont-en-Royan et Saint-André, rouges et blancs.

JURA. Voiteur, Ménetru, Blandans, Saint-Lothaire, Poligni, Geraise et Saint-Laurent, rouges et blancs.

LANDES. Le Tursan, la Côte de Leynie et la Haute-Chalosse, rouges et blancs.

Loir-et-Cher. Onzain, Mer, Chaumont, Thésée, Monthon, Bourré, Montrichard, Chissey, Marcuil, Pouillé, Angé, Faverolles, Saint-Georges, Lusillé, Meusne et Chambon, rouges et blancs.

Loire. Charlieu, Lupé, Chuines, Chavenay, Saint-Michel, Saint-Pierre-de-Bœuf, Boen, Renaison, Saint-André et Saint-Haon, rouges et blancs.

Loiret. Jargeau, Saint-Denis, Saint-Marc, Saint-Gy, Beaugency, Baule, Baulette, Marigni, rouges et blancs.

Lot. Ses vins rosés et mi-couleur, et presque tous ceux qui n'ont pas été cités rouges.

Lot-et-Garonne. Chézac, la Croix-Blanche, Agen, Marsan, Castelmorou, Sommenzac, La Chapelle, Notre-Dame, Clairac et Marmande, rouges et blancs.

Lozère. Marvejols, Florac et Villefort, rouges.

Maine-et-Loire. Dampierre, Varrins, Chacé, Saint-Cyr, Brézé, Saumur et Neuillé, rouges et blancs.

Marne. Vertus, Avenay, Champillon, Damery, Monthelon, Mardeuil, Moussy, Vinay, Claveau, Maury, Poigny, Vautheuil, Châtillon, Romery, Vincelles, Villens, Ceuilly, Vaudières, Verneuil, Toissy, Châlons et Vitry-sur-Marne, rouges et blancs.

Marne-Haute. Vaux, Rivière-les-Fossés, Pranthoy et Saint-Dizier, rouges et blancs,

Meurthe. Thiancourt, Pagy, Arnaville, Bayonville, Charny, Essey, Toul, Saulny, Lucey, Côte-Rôtie, Roville et autres, rouges et blancs.

Meuse. Apremont, Loupmont, Woinville, Lionville,

Saint-Julien, Vaucouleur, Vignot, Sampigny, Saint-Michel, Bruxières, Monsec, Loisey, Ancerville, Rambecourt, Belleville et Les Rochelles, rouges et blancs.

Moselle. Les deuxièmes choix des vignobles cités et quelques-uns du territoire de Sarreguemine, rouges et blancs.

Nièvre. Deuxièmes de Pouillé-sur-Loire, blancs.

Oise. Clermont, rouges.

Puy-de-Dôme. Neshers, Issoire, Cournon, Lauden, Orset, Lezandre, Mezel, Dallet, Pont-du-Château, Beaumont, Aubierre, Mariel, Calville, Les Martres, Authézat, Mouton, Vic-le-Comte, Coudes et Montpeyrous, rouges.

Pyrénées - Basses. Lasaube, La Hourcade, Sault-de-Navaille, Coqueron, Luc, Navarrens et Sauveterre, rouges et blancs.

Pyrénées - Hautes. Bagnères et Argélès, rouges et blancs.

Pyrénées-Orientales. Torremilla, Terrais, Esparrons, Vernet, Prades et environs, rouges.

Rhin Haut et Bas. Quelques vins blancs des vignobles cités.

Rhône. Irigny, Charly, Curis, Paleymieux et Couzon, rouges.

Saône-Haute. Le Clos Château, Rey, Charriez, Naveune, Quincy et Gy, rouges et blancs.

Saône-et-Loire. Montagny, Chenoxe, Buxy, Saint-Vallerin, Sante, La Chassagne, Villié, Régnié, L'Antigné, Quincié, Marchand, Durette, Les Etoux, Cercié, Saint-Jean, Pizay, Jasseron, Vadoux, Belleville, Saint-Sorlin, Charautay, Pricé, Vaux-Renard, Saint-Amour, Chavegny, Chanes, Saint-Veraud, Loché, Vaizelle, Urigny, Sanié, Sénié, Azé, Pierreclos, Verzé, Igé, Blancé, Saint-Julien, Denicé, Bussières, Lacenos et plusieurs autres vignobles de la côte Beaujolaise, Mâconnaise et Châlonnaise fournissent à cette catégorie de bons vins ordinaires, rouges et blancs.

Savoie (les Deux). Thonon et Aix, rouges et blancs.

Seine-et-Marne. La côte des Vallées et plusieurs vignobles de l'arrondissement de Fontainebleau, rouges.

Seine-et-Oise. La côte des Célestins, d'Athéi, Andrésy, Septeuil et Boissy-Sans-Avoir, rouges.

Sèvres-Deux. Mont-en-Saint-Martin, Bouillé, Loret, La Rochenard, La Foi, Monjault et Airvault, rouges et blancs.

Tarn. Plusieurs vignobles de Rabastens, Gaillac et Alby, rouges et blancs.

Tarn-et-Garonne. Fau, Aunac, Auvillars, Saint-Loup, Campsas, La Villedieu et Montbartier, rouges et blancs.

Var. Lacadière, Saint-Nazaire, Olhoules, Pierrefeu, Cucros, Sollées, Fartède, Hières, Lorgues, Saint-Tropez, Brignoles, rouges.

Vaucluse. Morière, Avignon et Orange, rouges.

Vendée. Luçon, Faymoreau, Loge, Fougereuse et Calmont, rouges et blancs.

Yonne. Chenay, Vaulichères, Tronchoy, Molesmes,

Cravaut, Jussy, Vermoutou, Joigny, Saint-Bris, Arcis-sur-Eur, Pourty, Pontigny, Vezimes, Jugnoy, Saint-Martin, Commincy, Neuvi, Santour, Villeneuve-le-Roi, Saint-Julien-du-Sault, Paron, Marsangy, Rousson, Collemien, Rosoy, Grou, Véron et les plus inférieurs des vignobles déjà cités fournissent une grande quantité de vins rouges à cette catégorie.

Les vins blancs sont tout aussi abondants et offrent beaucoup de choix. Chablis présente près de vingt-cinq vignobles. L'arrondissement de Sens en renferme aussi une importante quantité.

Vins coupés.

La France récolte une quantité bien autrement considérable que celle des vignobles dont la nomenclature précède, de vins communs ou de la plus médiocre qualité, dont la consommation ou le transport au-delà des centres producteurs n'est praticable qu'au moyen des mélanges avec des vins supérieurs, ou au moyen d'une addition d'eau-de-vie. Si on considère la diversité des climats, de la nature du sol, des expositions et la variété des mille cépages cultivés dans les vignobles français, dont l'étendue est de 2 millions 100 mille hectares environ, possédés par un nombre de propriétaires même supérieur à ce chiffre, ce qui constitue l'héritage viticole à un peu moins d'un hectare en moyenne par récoltant, il en ressortira, ce qui est au reste généralement vrai,

que chaque planteur de vigne semble n'avoir eu principalement pour but que la production nécessaire à ses
besoins personnels, et qu'il a dû se préoccuper plus de
la quantité que de la qualité.

Les vignobles dont le climat et la composition du sol
ont favorisé la culture mieux étendue du précieux arbuste en ont fait une culture industrielle, et la faveur
accordée aux excellents vins que les propriétaires ont
obtenus les a encouragés à en étendre l'importance. Cependant, malgré la faveur dont ils jouissent, la quantité
des bons vins est en minorité ; c'est que la vigne qui les
produit exige plus de soins, partant plus de frais. Les
plants de choix sont plus délicats et produisent moins
que les cépages communs, qui résistent mieux aux intempéries des saisons. Les bons vins ont besoin, pour
acquérir toutes leurs qualités, de vieillir et d'exiger des
soins pour cela ; toutes circonstances qui en élève le
prix de revient et les rendent peu accessibles aux petites
fortunes, hélas! les plus nombreuses.

Il est donc urgent, dans l'intérèt général des producteurs et des consommateurs, de tirer parti de cette
énorme quantité de vins communs ou sans qualité. Or,
cela n'est possible qu'en condamnant les plus inférieurs
à la chaudière ou à la vinaigrerie, et en améliorant ou
en corrigeant les défauts des autres par des mélanges.
C'est le seul moyen de produire des vins sains, agréables,
pouvant se transporter et d'un prix relativement élevé.
A ce point de vue, accepté comme principe de loyauté

par le propriétaire ou le marchand, et sans préjugé par le consommateur, la pratique des mélanges peut rendre de signalés services à tous, et c'est dans ces conditions seulement que nous voulons l'admettre.

La tâche de défenseur des mélanges est d'autant plus délicate, que cette opération favorise malheureusement de bien fâcheuses manœuvres. Dans l'intérêt de la vérité et pour rendre hommage à la loyauté des producteurs et des commerçants honorables qui ne cherchent dans l'échange de ce produit qu'une équitable rémunération, nous croyons devoir signaler les moyens frauduleux à divers degrés dont quelques producteurs, un certain nombre de commerçants et beaucoup d'intermédiaires non classés se servent pour se procurer des bénéfices illicites.

La production offre quelques exemples d'addition de matières sucrées sur la vendange, dans les années où la nature, contrariée par les intempéries, s'est montrée avare de cette partie constituante du raisin. Le vin qui provient de ce procédé n'est pas dépourvu de qualité ; mais, comme protestation à la violence qu'on a fait à son caractère naturel, il en témoigne, dans un temps plus ou moins long, une certaine amertume et des agitations peu rassurantes pour sa conservation. Dans les années où l'abondance fait défaut, quelques-uns en corrigent l'inconvénient en empruntant à la source voisine les moyens d'augmenter le rendement de la vendange ; d'autres comblent le vide qui se manifeste dans les tonneaux au moment des livraisons avec du vin inférieur et même quelquefois avec leur piquette; d'autres, enfin, augmentent l'importance de leur récolte, dont le produit est un peu plus recherché, avec celle de leurs voisins moins favorisés et qui vendent à un prix inférieur; quelques autres encore corrigent la pauvreté de la couleur en ajoutant des fruits ou liquides colorants.

Parmi les commerçants qui ont recours à ces manœuvres, la kyrielle des procédés est un peu plus longue et en même temps plus compliquée. C'est à Paris surtout, où les frais d'octroi, de loyer, de main-d'œuvre et de l'infini détail des boissons élèvent le prix de revient à un chiffre relativement considérable, que les abus des coupages atteignent la proportion d'une importante industrie. Ici, le vin n'a pas de valeur pour sa qualité, sa finesse ou son âge; il vaut d'autant plus, qu'on peut y introduire un volume plus considérable d'eau quand on a acquitté les droits d'octroi de Paris. C'est pour livrer le vin à la consommation que le vendeur a recours à tout l'arsenal des ingrédients qui pourront masquer la présence de l'élément additionnel. Si la couleur fait défaut, on a recours au vin de fisme, liquide presque noir composé de jus de mûres des baies de Yèble, etc., et dont trois ou quatre litres suffisent à colorer en rouge un fût de 250 litres de vin blanc. Si l'eau a trop abaissé le titre alcoolique du vin, on ajoute une suffisante quantité de 3/6. Mais comme l'alcool est plus léger que le vin et que ce n'est qu'avec le temps ou en petite quantité qu'il s'y incorpore intimement, il en résulte, lorsque l'on boit ce vin, que l'alcool se dégage et cause une sensation âcre à la gorge qui le fait supposer très vineux par les consommateurs inexpérimentés, tandis qu'en réalité il est froid à l'estomac. Si l'eau ajoutée a trop émoussé le goût du vin, on ajoute : les uns, un peu de vinaigre; d'autres, du poiré; d'autres, enfin, quantité d'acide tartrique pour réveiller sa sapidité.

C'est cet étrange composé qui prend le nom de vin du broc à Paris, et au moyen duquel on écoule des vins défectueux qui tournent à l'aigre, au poussé, etc. La consommation en étant rapide, la mauvaise qualité n'a pas le temps de se manifester; mais on peut parfaitement supposer que cette singulière boisson ne peut produire un effet favorable, malgré son innocuité. Cette pratique blâmable ne peut être justifiée, mais elle s'explique par les frais considérables qu'occasionnent le détail multiple et le bas prix relatif auquel le consommateur, excité par une déplorable concurrence, astreint son fournisseur, qui n'a pas lui-même trop souvent ni les ressources nécessaires, ni les connaissances spéciales utiles pour se procurer les vins qui se prêtent le mieux à cet insolite mélange. Hâtons-nous d'ajouter qu'un nombre assez considérable de commerçants de Paris répugnent à ses pratiques et préfèrent ne pas vendre que d'y avoir recours.

Dans l'exposé qui précède et qui relève à la charge de certains commerçants des faits fort regrettables contre l'intérêt de la morale et du consommateur, il y a pour ce dernier, et comme fiche de consolation, que s'il n'a pas du vin au litre, selon la qualité qu'il croit avoir, il est rare qu'il n'ait pas une boisson pour l'argent qu'il en donne. Il n'en est pas ainsi dans l'ordre des approvisionnements donnés à un assez grand nombre d'intermédiaires étrangers à ce commerce, qu'ils ne font qu'accessoirement et sans responsabilité. Un fait exprimera mieux le danger de ces entremetteurs que toute dissertation. Trois pièces de vin sont achetées dans une grande maison de commerce, au prix de 110 fr. l'une. L'acheteur en fait expédier une première à un client à 400 fr., une deuxième à un autre client au prix de 600 fr., et enfin la troisième à un troisième client au prix de 1,000 fr. Le vin des trois barriques était identiquement le même, mais les ressources ou la confiance des trois consommateurs étaient variables. Pour ces vendeurs interlopes, ce n'est pas une juste rémunération de leurs soins et de leurs avances qui sert de base à la fixation de leur bénéfice, il s'établit sur la confiance ou l'inaptitude de l'acheteur, pour lequel le haut prix est la seule preuve de haute qualité. C'est ainsi, qu'au vignoble comme sur les places de commerce, des vins coupés, aromatisés de bouquet de Bourgogne ou de Bordeaux, où le vin de ces contrées n'entre qu'accessoirement, quand toutefois on y en met, sont expédiés à des acheteurs bénévoles, confiants ou sans expérience. Ces vins ne sont pas tout-à-fait dépourvus de qualité; ils se conservent, s'améliorent même; mais ils ne sont jamais ce que seraient devenus en mérite les vins du cru dont ils ont joué le rôle et dont ils ont coûté le prix.

Toutes ces circonstances, qui n'ont pas dans l'esprit des consommateurs la forme accusée que nous venons de mettre sous les yeux du lecteur, existent néanmoins, et elles lui font entrevoir les mélanges plutôt sous le rapport des abus qu'ils provoquent que des services qu'ils peuvent rendre à la production et à la consommation.

Nous terminons ce triste exposé de faits regrettables qui ne se produisent, au reste, qu'à l'état d'exception, en disant que tout acheteur doit être convaincu que la plus grande vigilance à l'endroit de ses intérêts est la sauvegarde la plus sûre contre la tromperie.

Vins de Liqueur français.

La France produit relativement peu de vin de cette espèce; néanmoins, quelques crus peuvent lutter avec un certain avantage avec la plupart des vins de liqueur étrangers. On cite :

Le muscat de Rivesaltes, dans les Pyrénées-Orientales, l'un des meilleurs vins de liqueur français;

Le vin de paille, de Colmar et de Kœserberg (Ht-Rhin);

Le vin de l'Ermitage, du département de la Drôme;

Les premiers choix de Frontignan et de Lunel (Hérault).

Les quatre vins ci-dessus peuvent être considérés comme la première qualité des vins de liqueur de France.

Suivent, dans leur ordre de mérite, les vins de cette catégorie qui se présentent en seconde ligne.

Hérault. Les deuxièmes choix de Lunel et de Frontignan, le premier du cru dit Picardan et les meilleures préparations de Grenache.

Haut et Bas-Rhin. Les meilleurs muscats de Wolcheim, Héligeanten et quelques autres localités.

Pyrénées-Orientales. Les vins dits de Grenache à Banguls, Collioure et Cosperon, et le Macabeo de Salces.

Dordogne. Les premiers choix de Montbazillac.

Corrèze. Le vin de paille d'Argentat.

Vaucluse. Les vins dits Grenache et les vins muscats de Baume.

Var. Les muscats rouges et blancs de Roquevaire, de Cassis et de La Ciotat.

Corse. Les vins en liqueur du Cap-Corse.

Les départements ci-dessus et plusieurs autres récoltent ou préparent une assez grande quantité de vins muscats ou de liqueur, mais dont la réputation ne dépasse pas ces pays de production.

Vins de Liqueur étrangers.

Les vins de cette espèce et dans les premières qualités se trouvent fort rarement dans le commerce.

Les crus les plus renommés sont ceux de Tokay.

Constance. Le vin vert de Cotnar, le cru de la Commanderie (île de Chypre), le Lacryma-Christi, la Malvoisie de Madère, le tinto d'Alicante, les muscats rouges et blancs de Syracuse et les rouges et blancs de Schiraz.

Plusieurs autres pays, et ceux qui fournissent les crus ci-dessus, présentent un choix nombreux dont suit la nomenclature par contrée.

ALLEMAGNE. Les vins dits de paille de la Franconnie.

AUTRICHE. Les seconds crus du Tokay, Tarczal, Mada, Zombor, Szeghy, Szadany, Totesva, Erdo-Benye, et les vins de liqueur de la Transylvanie, Istrie, Dalmatie et de la Vénitie.

ITALIE. Les deuxièmes choix de Lacryma-Christy (Naples), de Syracuse (Sicile); le muscat rouge et Aliatico (Toscane); les vins muscats de Canelli et de Choumbave (Piémont); les Nasco, Giro, Tinto et les Malvoisio de l'île de Sardaigne; le Vermut et l'Aléatrio de l'île d'Elbe; les vins muscats du Vésuve (Naples); le Malvasio des îles Lipari; le Vino-Santo de Castiglione et le vin aromatique de Chiovenne (Lombardie).

ÉTATS-ROMAINS. Les vins blancs et rouges d'Albano, les muscats de Montefioscome, d'Orviéto et de Farnèze.

ESPAGNE. Les deuxièmes Tinto d'Alicante (Valence); le Tintillo da Rota (Estramadure); le Tintillo de Xérès, de Sant-Lucar et Paxarète (Andalousie); le Tinto, la Malvasio, le Lacryma et les muscats blancs de Malaga (Grenade); le Pédro-Ximenes de Victoria (Biscaye); le vin Grenache de Sabaye et Carineno (Aragon); la Malvasio de Potentio (île Majorque); les Velez-Malaga, et une très grande quantité des plus ou moins inférieurs de ces vignobles.

Portugal. Les vins muscats de Sétuval et de Carcavellos, dans l'Estramadure portugaise.

Turquie. Les Malvoisies second choix de Chypre et de Candie; les vins muscats rouges et blancs des îles de Samos, Ténédos et Chypre; le vin de Galistas (Macédonie) et celui de Smyrne.

Principautés danubiennes. Les deuxièmes crus de Cotnar (Moldavie) et le vin de Piatro (Valachie).

Perse. Les Malvoisies de Schiroz et Ispahan.

Cap de Bonne-Espérance. Les deuxièmes crus de Constance, les muscats rouges et blancs dits Rota.

Grèce. Les Malvoisies de la Morée et le Vino-Santo de l'île de Santorin, ainsi que plusieurs vins muscats des îles Ioniennes.

Russie. Les vins de liqueur de Koos et de Sudach (Crimée, îles de l'Océan Atlantique); deuxième choix des Malvoisies et des vins muscats de l'île de Madère; les premiers des îles de Ténériffe, des Atçores, Canaries, Gomere et Palme.

Mexique. Les meilleurs vins de liqueur de Passo-del-Norte, de Paras, de Saint-Luis, de Lapaz et de Zelaya.

Les vins de liqueur sont excellents comme tonique, pour relever les défaillances de l'estomac; mais le chargent plus qu'ils ne l'aident lorsqu'on les boit à la suite des repas.

Bourgogne, Bordeaux et Champagne.

Dans le parallèle qu'on établit assez souvent contre les vins de Bourgogne et ceux du Bordelais, on a pris l'habitude de se prononcer en faveur de l'une ou l'autre de ces admirables contrées avec un esprit très regrettable d'antagonisme. Il nous paraîtrait d'autant plus utile de remplacer l'excitation de ce sentiment d'amour-propre local par une émulation profitable, que l'un et l'autre de ces deux pays ont à lutter, dans leur centre respectif, contre certains fâcheux procédés, contre certaines blâmables pratiques qui pourraient, en se continuant, altérer la réputation unique au monde de ces deux magnifiques vignobles français. Si Hercule préférait le Bourgogne, Appollon devait aimer mieux le Bordeaux. Or, cher lecteur, si vous avez à exprimer votre jugement sur ces deux délicieux produits, vous pouvez affirmer hardiment que le meilleur des deux, c'est.... tous les deux.

Quant au Champagne, il n'y a pas de compétiteur; car son règne commence lorsque celui des deux précédents finit. C'est ce gracieux et pétillant liquide qui rappelle le plus souvent et le plus fort, dans les contrées les plus reculées du globe, le nom de la France. Mais il faut se défier des contrefaçons, qui fatiguent l'estomac, alourdissent la tête et produisent des effets opposés au bon Champagne, qui excite la gaîté, rend aimables et communicatifs les caractères les plus froids.

L'impôt des boissons.

Cet impôt est l'une des plus importantes branches du revenu public; son rouage est si compliqué, que chaque fois que le législateur a pensé à le modifier, il a au moins ajourné cette résolution à cause des difficultés qui surgissent de toutes parts.

Tout commerçant, producteur ou consommateur, a intérêt à savoir à quelles obligations sont soumis les liquides.

Le droit de circulation s'établit d'après quatre classes de départements. (Voir la classe à chacun d'eux.)

Ceux de 1re classe pour les vins payant par hectolitre » fr. 60 c.

—	2e classe	—	—	»	80
—	3e classe	—	—	1	»
—	4e classe	—	—	1	20
Cidres et hydromels		—	—	»	50

Sont affranchis de droits de circulation : 1º les boissons qu'un propriétaire, fermier ou colon, partivin fait conduire de sa cave dans une autre cave lui appartenant.

2º Celles qu'un marchand peut faire transporter dans une de ses caves ou magasin, dans une autre cave ou magasin lui appartenant, et pourvu qu'ils soient situés dans le même département.

3º Les boissons à destination de l'étranger.

Aucune boisson ne peut voyager ou être enlevée sans une déclaration préalable de l'expéditeur au bureau de la régie, et sans que le conducteur soit muni d'un congé, acquit ou passavant. La même expédition peut servir pour un convoi, si nombreux qu'il soit, pourvu que les voitures marchent ensemble et aient la même destination.

Les propriétaires, dans le cas ci-dessus prévu, devront être munis d'un passavant.

Pour les expéditions à l'étranger, un acquit-à-caution est nécessaire jusqu'à la sortie.

L'expédition d'un propriétaire ou commerçant à un consommateur se fait sous forme de congé.

La permission de traverser une ville sans payer les droits d'octroi s'obtient au moyen d'un passe-debout.

Dans les villes soumises au régime de l'octroi, les droits doivent être acquittés à l'entrée.

Toute boisson, en quittant la cave du producteur, est portée par la régie à son compte et à celui du destinataire. Celui-ci est tenu, sous sa responsabilité, de faire toutes déclarations qui le déchargent, attendu que tant qu'elles ne sont ni consommées, ni exportées, ces boissons doivent être représentées, sous peine de donner ouverture à un droit de circulation et de consommation.

Des Alcools et Trois-Six.

L'art de séparer l'alcool des substances qui le contiennent a fait des progrès considérables, et on peut avancer que tout le règne végétal et plusieurs matières minérales peuvent en produire. Il est acquis que toute substance qui contient du sucre ou des principes qui comme les fécules peuvent être sacchorifiées, fournissent, dans la proportion de ces mêmes principes, une quantité relative d'alcool; mais pour que la distillation trouve son profit à fabriquer ce liquide, elle ne doit s'attacher qu'aux matières qui en produisent plus et dont l'extraction soit la moins coûteuse.

Le vin est la matière par excellence pour la production de l'alcool. Quelques auteurs donnent le nom d'eau-de-vie, quel que soit le degré obtenu, au produit de la distillation des vins; mais la pratique ayant établi une distinction, il semble plus naturel de la suivre d'autant plus qu'un chapitre spécial aux eaux-de-vie leur sera consacré.

Les alcools de vin sont connus sous la désignation d'esprit-de-vin, 3/6 du Midi ou de Montpellier, et sont cotés aux bourses des différentes villes sous l'une ou l'autre de ces trois appellations. Leur degré de vente est à 86 degrés centisimaux. Le département de l'Hérault est celui qui en produit le plus, et, suivant les courtiers qui les fabriquent, ils sont plus ou moins estimés.

Les alcools de jus de mélasse ou sucre de betterave sont généralement désignés sous le nom de 3/6 du Nord, du nom de la contrée de la France qui en fabrique le plus. L'étalon des transactions sur ces alcools est le 3/6 ordinaire, dit de livraison, dit à 90 degrés centigrades. Les qualités et le prix augmentent dans une proportion

qu'on appelle prime, selon que le 3/6 est fin, extrafin ou
surfin. Ils sont aussi qualifiés de bon goût, demi-goût
ou mauvais goût, ou encore de 3/6 d'industrie.

Les alcools de grains sont obtenus des fécules de divers
grains, froment, seigle, orge, riz, maïs, etc., qui ont
été préalablement sacchorifiées au moyen de la diostase
ou de l'acide sulfurique. Ces 3/6 sont soumis aux mêmes
règles et degrès pour la vente que ceux du Nord, auxquels
on les préfère généralement pour la franchise du goût.

La pomme de terre dont on sacchorifie la fécule
fournit aussi du 3/6, dont on fabrique d'importantes
quantités en France.

Eaux-de-Vie.

Plusieurs contrées en France produisent des eaux-de-
vie de très bonne qualité. Il n'est pas téméraire d'avancer
qu'elle n'a pas de rivaux. A cet égard, les eaux-de-vie
de Cognac sont connues dans l'univers entier et jouissent
d'une réputation méritée.

Les départements des deux Charentes produisent des
eaux-de-vie excitantes, mais dont la qualité et le caractère sont très variés.

L'eau-de-vie dite Fine-Champagne est la plus renommée pour sa finesse et son excellent bouquet de noisette.

La Petite-Champagne, ainsi que son nom l'indique,
participe à un degré inférieur aux qualités de la précédente.

Les Borderies ou Fins-Bois ont moins de finesse que les deux qui précèdent, mais plus de corps, autant de sève et de bon goût.

Les eaux-de-vie dites Premier et Deuxième Bois participent à des degrés différents et inférieurs des qualités des Fins-Bois.

Les eaux-de-vie des Saintonge sont produites par les territoires des deux Charentes et de quelques départements voisins.

Les eaux-de-vie dites d'Aigrefeuille, bien que communes, ont une sève très vigoureuse qui les rend très propres à faire de bons mélanges. Celles dites de La Rochelle sont les moins estimées.

Les départements du Gers et des Landes fabriquent de bonnes eaux-de-vie, dont quelques-unes ne le cèdent, ni en finesse, ni en bon goût, à celles dites de Cognac. Selon leur qualité, on les désigne sous le nom d'eaux-de-vie d'Armagnac, comme suit : Bas-Armagnac, en première ligne; Ténarèze et Haut-Armagnac. Ces eaux-de-vie ont de la finesse, de la sève, mais pas assez de corps.

Le Lot-et-Garonne produit à Marmande des eaux-de-vie du nom de cette ville, qui sont assez bonnes, mais un peu communes de goût. Les eaux-de-vie dites de pays rivalisent presque avec celles de Marmande.

Le département de l'Hérault fournit une très grande quantité d'eaux-de-vie, vendues sous le nom de Montpellier, preuve de Hollande, c'est-à-dire 52 degrés centésimaux, titre auquel on les distille ; mais on en vend plus encore qui sont le produit de la réduction des 3/6, ou degré dit preuve de Hollande.

La Bourgogne fabrique une assez grande quantité d'eaux-de-vie de moins bonne qualité, et que quelques amateurs estiment à l'égal des eaux-de-vie de Saintonge et d'Armagnac. Un peu partout, on prépare des eaux-de-vie en réduisant des 3/6 de toutes sortes de provenances. On emploie des arômes divers pour leur donner un goût agréable, et on les colore avec du caramel.

De l'Absinthe.

On en fabrique de beaucoup de qualités : les unes sont distillées avec du 3/6 du Nord ou de grain, d'autres avec des alcools de vin. Ces dernières sont les plus fines, et celles que l'âge améliore le plus, les centres les plus renommés, sont Neuchâtel (en Suisse), Montpellier (Hérault), Amiens (Somme) et Saint-Denis (Seine). Les distillateurs de Paris en fabriquent également de grandes quantités pour les débitants.

L'eau-de-vie des mélasses de sucre de cannes qu'on fabrique en France ou dans les pays d'outre-mer, est désignée sous le nom de rhum et tafia ; le premier, celui de la Jamaïque surtout, qui est rectifié avec soin, jouit d'une réputation méritée. Le tafia, qui est le produit d'une première distillation, arrive des Indes principalement à un dégré élevé. On le rectifie pour en obtenir le rhum ou on le réduit seulement avec du 3/6. On fait encore une imitation de rhum en y laissant infuser du vieux cuir et en distillant cet étrange produit.

L'eau-de-vie de cerise, connu sous le nom de kirsch waser, est le produit de la distillation du jus de cerise, mais surtout des mérises. Presque tous les cantons de la Suisse en fabriquent, et c'est celui qui a le plus de réputation. Quelques départements font l'objet d'un commerce important de celui qu'ils produisent ; de ce nombre, on cite Fougerolles dans la Haute-Saône, Tromonsey dans les Vosges et Mouthier dans le Doubs.

Le kirsch est une bonne liqueur d'un arôme agréable et à laquelle on attribue des propriétés. On imite cette liqueur avec des alcools divers et un peu d'essence d'amendes amères.

Liqueurs.

On donne généralement le nom de liqueur à tous les liquides qui servent de boisson, mais spécialement à des composés d'alcool parfumé, de sucre et d'eau dans diverses proportions pour obtenir des liqueurs dites sèches, des liqueurs plus douces et enfin très sucrées. Quelle que soit l'une des trois sortes, l'alcool agit toujours comme véhicule des parfums, l'eau en tempère la force et le sucre adoucit le tout.

Il y a trois manières de préparer les liqueurs : 1° en distillant l'alcool sur des matières aromatiques propres au produit qu'on veut obtenir, et réduisant cet alcoolat avec un sirop et de l'eau, suivant la force qu'on veut donner à la liqueur. Ce procédé ne peut dissoudre que les principes odorants des matières. Cet alcoolat vient d'ordinaire à 80 degrés centésimaux en sortant de l'alambic. Pour qu'une liqueur ainsi préparée soit agréable, il est indispensable qu'elle soit faite longtemps avant d'être consommée, attendu que la distillation donne naissance à une certaine portion d'acide libre qui la rend plus ou moins acre au goûter quand elle est de fabrication récente ; on peut même affirmer que la principale qualité d'une liqueur est d'être vieille ; il faut aussi ajouter que les matières traitées par la distillation étant presque toujours composées, leurs différents parfums ne se combinent bien intimement qu'à la longue pour former un goût unique et agréable ;

2° On peut préparer des liqueurs en faisant dissoudre dans l'alcool des essences diverses, selon la nature de la liqueur qu'on désire obtenir, et en ajoutant la dose du sucre et d'eau comme il vient d'être dit. Si l'alcool est vieux et de bonne qualité, les essences très fraîches, on obtiendra une liqueur tout d'abord aussi agréable et bien moins coûteuse, mais qui, contrairement à la précédente, perdra en vieillissant ; les essences ne se combinant pas aussi solidement par la dissolution que par la distillation, elles s'évaporent à la longue, troublent le liquide et le décomposent même si la proportion d'alcool est trop faible ;

3° La troisième méthode est celle dite par infusion, macération ou digestion. Ces trois termes sont assez ordinairement employés dans le même sens, sauf cette différence que l'infusion est moins prolongée que la macération, et que la digestion indique une température plus élevée pour obtenir la dissolution dans l'alcool des matières qu'on veut traiter. Quelque terme qu'on emploie, c'est la pratique la plus efficace pour obtenir une bonne liqueur moelleuse et chargée de tous les principes que les matières infusées peuvent fournir. Dans la plupart des cas, l'alcool employé pour cette méthode doit être plus faible, attendu que l'alcool à un degré élevé ne peut dissoudre que les parfums ou les résines, et que la portion d'eau qui se trouve dans l'eau-de-vie aide à dissoudre les parties qui ne sont solubles que dans ce liquide. Ce procédé donne à l'alcool faible l'avantage sur la distillation de s'approprier les principes amers, astringents, toniques ou mucilagineux des substances employées ; mais il a aussi l'inconvénient d'en conserver la couleur et de ne pouvoir se prêter comme l'alcoolat distillé, qui est incolore, à tous les changements de nom, de couleur et de goût des consommateurs. C'est par cette méthode qu'on fait les liqueurs dites de ménage et les ratafias, parmi lesquels celui de Grenoble est réputé.

Quelque procédé qu'on emploie pour obtenir une liqueur, quelque réputation qu'elle puisse acquérir, quelque sainte ou profane que soit son origine, on pourra parvenir à préparer un liquide dont le parfum sera agréable selon la diversité des goûts ; mais comme mérite intrinsèque et comme propriétés digestives, la plus réputée ne vaudra pas mieux qu'un mélange de bonne eau-de-vie et de sucre. J'en excepte plusieurs ratafias ou liqueurs par infusion, comme le brou de noix, le curaçao, l'anis et quelques autres, qui peuvent avoir pris aux substances avec lesquelles on les a mises en contact les propriétés toniques, astringentes ou carminatives qu'elles renferment.

Les extraits obtenus par la distillation ou l'infusion, et qu'on désigne sous le nom d'élixir, ont la propriété d'activer la circulation par la force de l'alcool et de surexciter ou relever le système nerveux, dans le cas spasmodique, par les parfums qu'ils tiennent en dissolution.

Sirops.

On les prépare en faisant dissoudre à chaud ou à froid les sucres, mélasses ou cassonnades dans une quantité d'eau, dans la proportion de cinq cents grammes pour un kilogramme de sucre. Pour conserver ce sirop, il est nécessaire de le faire cuire ; le degré à atteindre dans ce but est le moment où, en retirant une goutte du sirop qu'on place entre l'index et le pouce, et écartant ces deux doigts, il se forme un filet d'une certaine consistance. Le meilleur sirop vient toujours du plus beau sucre.

Vinaigres.

Le vinaigre est le condiment indispensable du riche comme du pauvre pour donner de la sapidité aux substances nutritives animales ou végétales qui en sont dépourvues.

Le vinaigre de vin est sans contredit le meilleur de tous ; celui qui provient du vin rouge a plus de corps, est moins sec et conserve mieux son goût vieux que le vinaigre fait avec des vins blancs dont on emploie généralement les bonnes qualités.

Plusieurs départements qui récoltent des vins blancs d'une qualité médiocre préparent et font commerce de vinaigre. Celui dont la réputation est le plus justement établie est le vinaigre d'Orléans ; les vins qui servent à le fabriquer sont généralement plus francs de goût que ceux des autres contrées, et il doit être mis en principe que le bon goût du vin est indispensable à produire du bon vinaigre. Pour préparer des vinaigres de table de qualité supérieure, certains vinaigriers emploient certains aromates dont la composition est le secret particulier de chacun d'eux. Ce bouquet est souvent fort agréable, et il communique au liquide une saveur qui plaît d'autant plus que le vinaigre est plus vieux et que sa qualité première est meilleure.

On prépare des vinaigres avec toute substance contenant de l'alcool, les bières, fruits, etc. On en fait aussi avec l'acide piloriguaux ou vinaigre de bois et même avec des acides dangereux pour la santé.

Usage des Boissons.

Soins à leur donner. — On tient généralement trop peu de compte des circonstance qui peuvent altérer les boissons, les vins principalement ; leur conservation et leur amélioration sont souvent compromises par l'insouciance avec laquelle on les traite. La limpidité d'un vin le rend toujours plus agréable à la vue et au goût, et garantit mieux sa durée. C'est pour cela qu'il faut soutirer, coller et mettre en bouteille dans le moment le plus propice.

Ordre de service de table. La règle générale à suivre à cet égard est de consommer les vins dans l'ordre des plus tempérés, aux plus généreux et aux plus parfumés.

Influence physiologique. Les boissons servent à augmenter le volume des sucs gastriques nécessaires à la division et à l'assimilation des aliments dans les organes digestifs. L'eau, dans ces cas, agit mécaniquement; la bière de bonne qualité ajoute un peu de calorique, quelques principes nourrissants. Si sa composition ou sa fermentation sont médiocres, elle entrave les fonctions de l'estomac, rend la digestion lente, provoque l'alourdissement du cerveau et pousse aux développements des tissus graisseux. Le cidre, cette boissons apéritive dont la saveur est due à la présence de l'acide malique, précipite quelquefois la digestion au point d'incommoder les consommateurs qui n'en ont pas l'habitude. Le vin est de toutes les boissons la plus saine, la plus nourrissante, celle qui se combine le mieux avec les sucs nutritifs des aliments et qui aide le plus efficacement à en répandre les bienfaits dans le torrent de la circulation.

Physiologie de l'ivresse. L'excès fréquent des vins spiritueux ou liqueurs conduit les malheureux qui s'y adonnent à la plus déplorable abjection assez souvent, mais toujours hors des limites de la raison. Est-il possible de corriger ce vice hideux ? Nous croyons que cela est tout au moins difficile, et notre opinion est fondée sur les effets physiologiques de l'excès des boissons. L'usage modéré, et pendant le repas, que l'on fait des vins et même des spiritueux, sert à augmenter le calorique, et par conséquent est activée la circulation. L'abus de ces boissons produit le même effet à une puissance qui double, triple ou quintuple cette excitation, jusqu'au moment où les nerfs sont tellement distendus que le cerveau est comme paralysé et que l'individu qui est sous l'empire de cet état retombe inerte. Tous n'arrivent pas à ce degré de l'ivresse ; mais leur' organisation accoutumée à cette alimentation spiritueuse ne leur permet d'en absorber de plus solide qu'en assez faible proportion. Ils ne retrouvent leur force qu'en buvant de nouveau. Or, cette fatale situation est une pente trop rapide pour ne pas conduire le lendemain aux excès de la veille. Les dictons : qui a bu boira ou un serment d'ivrogne, semblent appuyer notre théorie ; car on a vu, en effet, très peu d'ivrognes se corriger, non que la volonté ait manqué à quelques-uns, mais parce que l'activité de leurs organes digestifs ne peut s'entretenir qu'en buvant encore. Le vin pris en excès n'a pas des conséquences aussi funestes et aussi actives que les boissons alcooliques, et le buveur intempérant de vin pourrait mieux se corriger ; car il est à remarquer que sa passion est moins impérative que celle des buveurs de spiritueux, ceux d'absinthe surtout. Cette liqueur, très forte en alcool (70 à 72 degrés centigrades), contient en outre une huile essentielle très active, dont l'action sur le cerveau est incontestable. Elle conduit fatalement à la folie ou à la mort dans un temps qui est en rapport direct avec la quantité absorbée et ses facultés physiques, le malheureux dominé par cette déplorable passion. L'absinthe ne laisse à ces trop fervents adeptes nul intervalle de lucidité complète d'esprit. Les intempérants, jusqu'à l'ivrognerie des autres boissons, ont des moments où la raison leur fait maudire leurs fatales habitudes. On a pu constater que des bléssés soustraits au régime alcoolique qui leur était habituel dans leur état de santé, présentaient des plaies blafardes et du pire caractère ; que rendus à l'usage de leur boisson favorite, ces mêmes plaies devenaient vives et annonçaient une prochaine cicatrisation. Ce seul fait, que beaucoup de médecins pourraient certifier, ne prouveraient-ils pas que l'ivrognerie est un mal incurable et que honte ni peur n'y sauraient remédier ?

La conclusion que nous devons tirer de ce triste exposé, c'est que même les plus sages doivent considérer les boissons comme un condiment nécessaire à leur alimentation ; que lorsqu'un penchant excessif se manifeste, il faut s'arrêter sans composition dans la crainte que le besoin physique ne vienne réduire à néant la volonté morale d'éviter tout excès.

Principes constitutifs du Vin.

Le vin soumis à l'analyse se décompose de la manière suivante :

1º L'eau qui en forme la partie la plus considérable ;

2º L'alcool, dont la quantité varie suivant le pays où le vin a été récolté, et la température plus ou moins favorable qui a présidé aux phases de la récolte, est produit par la décomposition de la partie sucrée pendant l'acte de la fermentation vineuse. C'est à l'alcool que le vin doit sa force, sa chaleur et sa conservation ;

3º Une petite quantité de matière sucrée, peu soluble, qui fermente d'une manière peu sensible pendant plusieurs années quelquefois, et qui oblige à des soins de soutirage plus ou moins répétés ;

4º Des sels à base de potasse ; le tartre qui produit des bitartrates et des sesquitartrates de potasse ; le tartrate, avide de potasse ou proportion convenable, contribue à donner au vin une saveur fraîche et agréable ;

5º Une huile essentielle qui contribue à fournir au vin la sève, le bouquet et l'arôme qui le caractérisent ;

6º Une matière astringente âpre produite par la grappe et surtout par le pépin du raisin, qu'on nomme tannin, et qui, sans modifier la saveur du vin, contribue puissamment à sa conservation ;

7º La matière colorante, plus ou moins abondante, continue dans la pellicule du grain de raisin ;

8° Des parties d'acide carbonique qui se dégagent fort de la fermentation du moût, et dont il reste encore quelques portions suspendues ou combinées dans le liquide ;

9° M. J. Fauré a trouvé dans les vins de Bordeaux de bonne qualité un autre principe qui, d'après lui, communiquerait à ces excellents vins un moelleux et un velouté qui en font ressortir le bouquet et la sève, et qu'il distingue sous le nom d'œnanthine ;

10° Un ou plusieurs acides libres qui rougissent la teinte d'abord violacée du vin ;

11° Enfin, l'analyse a démontré dans les bons vins de Bordeaux la présence d'un sel de fer qui semble justifier les propriétés toniques que les médecins lui attribuent.

Droits d'entrée des Boissons à Paris.

Vins en tonneaux. Tous les vins contenus dans des vases d'une capacité supérieure à cinq litres paient les droits d'après le tarif fixé pour les vins en cercle, quelle que soit la forme et la nature des fûts, à raison de 20 fr. 60 cent. par hectolitre. Ce droit se décompose ainsi : au profit du trésor, 8 fr. ; plus, le double décime, 1 fr. 60 c. ; soit, 9 fr. 60 c. Pour l'octroi, au profit de la ville, 10 fr. ; plus, le simple décime, 1 fr. ; soit, 11 fr.

Les vins en bouteille sont assimilés au litre, et en demi-bouteille au demi-litre, et paient à raison de 28 fr. 30 c. par hectolitre.

Les droits sur les alcools et eaux-de-vie, liqueurs et fruits à l'eau-de-vie, sont établis suivant les degrés d'alcool que ces liquides, logés en fût, contiennent, à raison de 137 fr. 40 c. par hectolitre d'alcool absolu à 100 degrés, soit encore à raison de 1 fr. 37, 40 par degrés contenus dans ces liquides et par hectolitre. Ce droit se décompose ainsi : pour le trésor, 91 fr. ; plus, le double décime, 18 fr. 20 c. ; soit 109 fr. 20 c. et 23 fr. 50 c., plus les 2 décimes, 4 fr. 70 c. ; soit, 28 fr. 20 c. pour la ville ; au total, 137 fr. 30 c. par hectolitre.

Les alcools, eaux-de-vie, liqueurs et fruits à l'eau-de-vie contenus dans des bouteilles et dont il est impossible d'apprécier le degré, sont passibles du droit fixé pour l'alcool absolu ; soit, 137 fr. 40 c. par hectolitre, et appliqué selon leur nombre considéré comme contenant un litre ou un demi-litre, alors même que la capacité serait moindre.

Les vins contenant plus de 18 degrés d'alcool et jusqu'à 21 degrés, paient en surplus pour trois degrés d'alcool. Au dessus de 21 degrés, ils sont considérés comme eaux-de-vie et imposés pour la quantité totale qu'ils contiennent.

Les vinaigres, fruits au vinaigre, les lies servant à les fabriquer et le vin de Fismes paient 12 fr. par hectolitres ; le cidre poiré et hydromel, 9 fr. 30 c. ; les bières à l'entrée, 4 fr. 55 c., et les bières à la fabrication, 3 fr. 40 c., les deux décimes compris ; 25 kilogrammes de fruits secs comptent pour un hectolitre de cidre, et le raisin frais paie à raison de 5 fr. 75 c. les 100 kilos.

Droits d'Octroi et de Circulation par Département.

Ain. Bourg, 14,000 habitants ; droit de circulation, 2e classe, 80 c. ; octroi, 4 fr. par hectolitre ; population du département, 370,000 habitants.

Aisne. Laon, 10,095 habitants ; droits de circulation, 3e classe, 1 fr. ; octroi, 3 fr. 75 c. par hectolitre ; population du département, 564,567 habitants.

Allier. Moulins, 18,000 habitants ; droits de circulation, 2e classe, 80 c. ; octroi, 4 fr. l'hectolitre ; population du département, 356,500 habitants.

Alpes (Basses). Digne, 5,500 habitants ; droits de circulation, 1re classe, 60 c. ; octroi, 3 fr. 50 c. l'hectolitre ; population du département, 146,370 habitants.

Alpes (Hautes). Gap, 8,000 habitants ; droits de circulation, 2e classe, 80 c. ; octroi, 2 fr. 50 c. l'hectolitre ; population du département, 125,500 habitants.

Alpes-Maritimes. Nice, 49,000 habitants ; circulation, 2e classe, 80 c. ; octroi, 4 fr. 50 c. l'hectolitre ; population du département, 194,600 habitants.

Ardèche. Privas, 6,000 habitants ; circulation, 2e classe, 80 c. ; octroi, 2 fr. 50 c. ; population du département, 388,529 habitants.

Ardennes. Mézières, 5,500 habitants ; circulation, 4e classe, 1 fr. 20 c. ; octroi, 2 fr. 50 c. l'hectolitre ; population du département, 329,111 habitants.

Ariége. Foix, 5,600 habitants ; circulation, 1re classe, 60 c. ; octroi, 2 fr. 50 c. ; population du département, 251,850 habitants.

Aube. Troyes, 35,000 habitants ; circulation, 1re classe, 60 c. ; octroi , 4 fr. 50 cent. l'hectolitre ; population du département, 262,785 habitants.

Aude. Carcassonne, 21,000 habitants ; circulation, 1re classe, 60 c. ; octroi, 4 fr. 50 c. l'hectolitre ; population du département, 383,610 habitants.

Aveyron. Rodez, 12,000 habitants ; circulation, 1re classe, 60 c. ; octroi, 4 fr. l'hectolitre ; population du département, 396,025 habitants.

Bouches-du-Rhône. Marseille, 270,000 habitants ; circulation, 1re classe, 60 c. ; octroi, 5 fr. l'hectolitre ; population du département, 707,112 habitants.

Calvados. Caën, 44,000 habitants ; circulation, 4me classe, 1 fr. 20 c. ; octroi, 4 fr. 50 c. l'hectolitre ; population du département 480,995 habitants.

Cantal. Aurillac, 11,000 habitants ; circulation, 3me classe ; octroi, 3 fr. 50 c. l'hectolitre ; population du département, 240,523 habitants.

Charente. Angoulême, 26,000 habitants ; circulation, 1re classe, 60 c. ; octroi, 4 fr. 50 c. l'hectolitre ; population du département, 379,081 habitants.

Charente-Inférieure. La Rochelle, 19,000 habitants ; circulation, 1re classe ; octroi, 4 fr. 50 c. l'hectolitre ; population du département, 481,060 habitants.

Cher. Bourges, 28,000 habitants ; circulation, 2me

classe, 80 c.; octroi, 4 fr. 50 c. l'hectolitre ; population du département, 323,393 habitants.

Corrèze. Tulle, 12,000 habitants; circulation, 3me classe, 1 fr.; octroi, 4 fr. l'hectolitre ; population du département, 310,118 habitants.

Corse. Ajaccio, 14,000 habitants; circulation, 1e classe, 60 c.; octroi, 3 fr. 50 c. l'hectolitre; population du département, 252,889 habitants.

Cote-d'Or. Dijon, 37,000 habitants; circulation, 2me classe, 80 c.; octroi 4 fr. 50 c. l'hectolitre ; population du département, 384,500 habitants.

Creuse. Guéret, 5,500 habitants; circulation, 3me classe, 1 fr.; octroi, 3 fr. 50 c. ; l'hectolitre ; population du département, 270,055 habitants.

Côtes-du-Nord. Saint-Brieux, 15,000 habitants ; circulation 4me classe, 1 fr. 20 c.; octroi, 4 fr. l'hectolitre ; population du département, 628,676 habitants.

Dordogne. Périgueux, 19,000 habitants; circulation, 1re classe, 60 c.; octroi, 4 fr. l'hectolitre ; population du département, 501,900 habitants.

Doubs. Besançon, 47,000 habitants ; circulation, 3me classe, 1 fr.; octroi, 4 fr. 50 c. l'hectolitre; population du département, 299,000 habitants.

Drôme. Valence, 19,000 habitants; circulation, 2me classe, 80 c.; octroi, 4 fr. l'hectolitre; population du département, 326,584 habitants.

Eure. Evreux, 12,000 habitants; circulation, 3me

classe, 1 fr.; octroi, 4 fr. l'hectolitre; population du département, 398,661 habitants.

Eure-et-Loire. Chartres, 20,000 habitants; circulation, 3me classe, 1 fr.; octroi, 4 fr. 50 c. l'hectolitre; population du département, 290,500 habitants.

Finistère. Quimper, Corantin, 12,000 habitants; circulation, 4me classe, 1 fr. 20 c.; octroi, 4 fr. l'hectolitre; population du département, 627,304 habitants.

Gard. Nîmes, 57,200 habitants; circulation 1re classe, 60 c.; octroi, 4 fr. 50 c. l'hectolitre; population du département, 427,107 habitants.

Garonne (haute). Toulouse, 114,200 habitants; circulation, 1re classe, 60 c.; octroi, 7 fr. l'hectolitre; population du département, 484,081 habitants.

Gers. Auch, 11,800 habitants; circulation, 1re classe, 60 c.; octroi, 3 fr. 50 c. l'hectolitre; population du département, 298,931 habitants.

Gironde. Bordeaux, 162,500 habitants; circulation, 1re classe, 60 c.; octroi, 7 fr. 50 c. l'hectolitre; population du département, 667,193 habitants.

Hérault. Montpellier, 51,850 habitants; circulation, 1re classe, 60 c.; octroi, 5 fr. 50 c. l'hectolitre; population du département, 409,890 habitants.

Ile-et-Vilaine. Rennes, 45,000 habitants; circulation, 4me classe, 1 fr. 20 c.; octroi, 4 fr. 50 c. l'hectolitre; population du département, 584,930 habitants.

Indre. Châteauroux, 17,000 habitants; circulation,

2e classe, 80 c.; octroi, 4 fr. l'hectolitre; population du département, 270,100 habitants.

INDRE-ET-LOIRE. Tours, 41,000 habitants; circulation, 2e classe, 80 c.; octroi, 4 fr. 50 c. l'hectolitre; population du département, 323,700 habitants.

ISÈRE. Grenoble, 35,000 habitants; circulation, 2e classe, 80 c.; octroi, 4 fr. 50 c. l'hectolitre; population du département, 577,748 habitants.

JURA. Lons-le-Saulnier, 10,000 habitants; circulation, 3e classe, 1 fr.; octroi, 3 fr. 50 c. l'hectolitre; population du département, 298,053 habitants.

LANDES. Mont-de-Marsan, 5,000 habitants; circulation, 1re classe, 60 c ; octroi, 2 fr. 50 c. l'hectolitre; population du département, 300,839 habitants.

LOIR-ET-CHER. Blois, 21,000 habitants; circulation, 2e classe, 80 c.; octroi, 4 fr. 50 l'hectolitre; population du département, 270,000 habitants.

LOIRE. Saint-Etienne, 93,000 habitants; circulation, 3e classe, 1 fr.; octroi, 4 fr. 50 c. l'hectolitre; population du département, 517,600 habitants.

LOIRE (HAUTE). Le Puy, 17,000 habitants; circulation, 3e classe, 1 fr.; octroi, 4 fr. l'hectolitre; population du département, 305,600 habitants.

LOIRE-INFÉRIEURE. Nantes, 114,000 habitants; circulation, 2e classe, 80 c.; octroi, 4 fr. 50 c. l'hectolitre; population du département, 580,250 habitants.

LOIRET. Orléans, 50,800 habitants; circulation 2e classe,

80 c.; octroi, 4 fr. 50 c. l'hectolitre; population du département, 352,757 habitants.

Lot. Cahors, 1,400 habitants; circulation, 1re classe, 60 c.; octroi, 4 fr. l'hectolitre; population du département, 295,542 habitants.

Lot-et-Garonne. Agen, 17,500 habitants; circulation 1re classe, 60 c.; octroi, 4 fr. l'hectolitre; population du département; 332,065 habitants.

Lozère. Mende, 6,400 habitants; circulation, 3e classe, 1 fr.; octroi, 2 fr. 50 c. l'hectolitre; population du département, 137,500 habitants.

Maine-et-Loire. Angers, 51,800 habitants; circulation, 2e classe, 80 c. ; octroi, 4 fr. 50 c. l'hectolitre; population du département, 526,000 habitants.

Manche. St-Lô, 10,000 h.; circulation, 4e classe, 1 fr. 20 c.; octroi, 3 fr. 50 c. l'hect.; population, 591,421 habitants.

Marne. Châlons-sur-Marne, 16,000 habitants; circulation, 2e classe, 80 c.; octroi, 4 fr. l'hectolitre; population du département, 385,498 habitants.

Marne (haute). Chaumont, 7,200 habitants; circulation, 2e classe, 80 c.; octroi, 3 fr. 50 c. l'hectolitre; population du département, 254,413 habitants.

Mayenne. Laval, 23,000 habitants; circulation, 4e classe, 1 fr. 20 c.; octroi, 4 fr. 50 c. l'hectolitre; population du département, 375,163 habitants.

Meurthe. Nancy, 49,000 habitants; circulation, 2e classe, 80 c.; octroi, 4 fr. 50 c. l'hectolitre; population du département, 428,643 habitants.

Meuse. Bar-le-Duc , 14,000 habitants; circulation 2e classe, 80 c.; octroi, 4 fr. l'hectolitre; population du département, 305,540 habitants.

Morbihan. Vannes , 14,000 habitants; circulation, 3e classe, 1 fr. ; octroi, 4 fr. l'hectolitre; population du département , 486,550 habitants.

Moselle. Metz, 57,000 habitants; circulation, 2e classe, 80 c.; octroi 4 fr. 50 c. l'hectolitre; population du dé-partement, 446,457 habitants.

Nièvre. Nevers, 19,000 habitants; circulation, 2e classe, 80 c.; octroi, 4 fr. l'hectolitre; population du départe-ment, 332,814 habitants.

Nord. Lille, 132,000 habitants; circulation, 4e classe, 1 fr. 20 c.; octroi, 4 fr. 50 c. l'hectolitre; population du département, 1,303,380 habitants.

Oise. Beauvais, 15,400 habitants; circulation, 3e classe, 1 fr.; octroi, 4 fr. l'hectolitre; population du départe-ment, 401,417 habitants.

Orne. Alençon, 16,00 habitants; circulation, 4e classe, 1 fr. 20 c ; octroi, 4 fr. l'hectolitre; population du dépar-tement, 423,400 habitants.

Pas-de-Calais. Arras, 26,000 habitants ; circulation, 4e classe, 1 fr. 20 c. ; octroi, 4 fr. 50 c. l'hectolitre , population du département, 724,400 habitants.

Puy-de-Dôme. Clermont-Ferrand , 37,300 habitants , circulation, 3e classe, 1 fr.; octroi, 4 fr. 50 c. l'hectoli-tre; population du département, 576.500 habitants.

Pyrénées (Basses). Pau, 21,000 habitants; circulation, 1re classe, 60 c. ; octroi, 4 fr. 50 c. l'hectolitre ; population du département, 436,628 habitants.

PYRÉNÉES (HAUTES). Tarbes, 15,000 habitants ; circulation, 1re classe, 60 c. ; octroi, 4 fr. l'hectolitre ; population du département, 240,179 habitants.

PYRÉNÉES (ORIENTALES). Perpignan, 24,000 habitants ; circulation, 1re classe, 60 c. ; octroi, 4 fr. 50 c. l'hectolitre, population du département, 182,200 habitants.

RHIN (BAS). Strasbourg, 82,000 habitants ; circulation, 3e classe, 1 fr. ; octroi, 6 fr. 50 c. l'hectolitre ; population du département, 577,574 habitants.

RHIN (HAUT). Colmar, 22,700 habitants ; circulation, 3e classe, 1 fr. ; octroi, 4 fr. 50 c. l'hectolitre ; population du département, 515,802 habitants.

RHÔNE. Lyon, 319,000 habitants ; circulation, 3e classe, 1 fr. ; octroi, 7 fr. 50 c. l'hectolitre ; population du département, 662,500 habitants.

SAÔNE (HAUTE). Vesoul, 7,600 habitants ; circulation, 3e classe, 1 fr. ; octroi, 3 fr. 50 c. l'hectolitre ; population du département, 317,183 habitants.

SAÔNE-ET-LOIRE. Mâcon, 18,000 habitants ; circulation, 3e classe, 1 fr. ; octroi, 4 fr. l'hectolitre ; population du département, 582,137 habitants.

SARTHE. Le Mans, 37,000 habitants ; circulation, 3e classe, 1 fr, ; octroi, 4 fr. 50 c. l'hectolitre ; population du département, 466,200 habitants.

SAVOIE. Chambéry, 20,000 habitants ; circulation,

4e classe, 1 fr. 20 c. ; octroi, 4 fr. 50 c. l'hectolitre ; population du département, 275,496 habitants.

Savoie (Haute). Annecy, 10,000 habitants ; circulation, 4e classe, 1 fr. 20 c. ; octroi, 3 fr. 50 c. l'hectolitre ; population du département, 267,496 habitants.

Seine. Paris, 1,700,000 habitants ; circulation, 3e classe, 1 fr. ; octroi, 20 fr. 60 c. l'hectolitre ; population du département, 1,953,660 habitants.

Seine-Inférieure. Rouen, 102,700 habitants ; circulation, 4e classe, 1 fr. 20 c. ; octroi, 7 fr. l'hectolitre ; population du département, 790,000 habitants.

Seine-et-Marne. Melun, 11,200 habitants ; circulation, 3e classe, 1 fr. ; octroi, 3 fr. 50 c. l'hectolitre ; population du département, 352, 312 habitants.

Seine-et-Oise. Versailles, 44,000 habitants ; circulalation, 3e classe, 1 fr. ; octroi, 4 fr. 50 c. l'hectolitre ; population du département, 513,000 habitants.

Sèvres (Deux). Niort, 21,000 habitants ; circulation, 2e classe, 80 c. ; octroi, 4 fr. 50 c. l'hectolitre ; population du département, 328,817 habitants.

Somme. Amiens, 58,000 habitants ; circulation, 4e classe, 1 fr. 20 c. ; octroi, 4 fr. 50 c. l'hectolitre ; population du département, 572,700 habitants.

Tarn. Alby, 15,500 habitants ; circulation, 1re classe, 60 c. ; octroi, 4 fr. l'hectolitre ; population du département, 353,700 habitants.

Tarn-et-Garonne. Montauban, 27,000 habitants ; circulation, 1re classe, 60 c. ; octroi, 4 fr. 50 c. l'hectolitre ; population du département, 232,600 habitants.

VAR. Draguignan , 10,000 habitants ; circulation, 1re classe, 60 c. ; octroi, 3 fr. 50 c. l'hectolitre ; population du département, 315,600 habitants.

VAUCLUSE. Avignon , 36,000 habitants ; circulation, 1re classe, 60 c. ; octroi, 4 fr. 50 c. l'hectolitre ; population du département, 268,300 habitants.

VENDÉE. Napoléon-Vendée, 8,400 habitants ; circulation, 2e classe, 80 c. ; octroi, 2 fr. 50 c. l'hectolitre, population du département, 395,700 habitants.

VIENNE. Poitiers , 30,000 habitants ; circulation, 3e classe, 1 fr. ; octroi, 4 fr. 50 c. l'hectolitre ; population du département, 332,000 habitants.

VIENNE (HAUTE). Limoges, 51,000 habitants ; circulation, 3e classe, 1 fr. ; octroi, 4 fr. 50 c. l'hectolitre ; population du département, 310,600 habitants.

VOGES. Epinal, 12,000 habitants ; circulation, 3e classe, 1 fr. ; octroi, 3 fr. 50 c. l'hectolitre ; population du département, 415,500 habitants.

YONNE. Auxerre , 15,000 habitants ; circulation, 2e classe, 80 c. ; octroi, 4 fr. l'hectolitre ; population du département, 370,400 habitants.

Des Mélanges.

Cette question est la partie la plus délicate de la tâche que nous avons entreprise ; elle soulève dans le monde des consommateurs tant d'objections, elle suscite tant de méfiance, et, il faut bien le dire, elle favorise si bien la tromperie, qu'il est bien difficile de fixer les limites où la bonne foi s'arrête et celle où la fraude commence. Le consommateur est toujours ou absolument confiant, soupçonneux sans cause. Lorsqu'il a besoin de s'approvisionner, son impuissance à distinguer la valeur ou la nature des vins qu'on lui livre l'oblige à accepter sans discuter ou à se révolter sans cesse contre leur mérite sans qu'il puisse toutefois opposer des arguments valables. Il exige ce liquide avec sinon la réalité, au moins avec les apparences d'un vin moelleux, corsé, agréable de goût, avec le plus de bouquet possible et une robe brillante dont la couleur ne tache pas son linge. Cet état de choses est surabondamment prouvé par la pratique. Le fournisseur a-t-il le devoir de prévenir son client que tel vin qu'il trouve bon n'est que le résultat d'un mélange de plusieurs vins ? En principe, il en devrait être ainsi ; mais en pratique il arrive que le consommateur repousse la boisson que tout d'abord il trouvait à son goût. Si le marchand avoue qu'elle est le produit d'un mélange, et s'il offre dans la proportion du prix un vin parfaitement en nature, son client le trouvera vert, violacé, dur ou trop nouveau, et pour ne pas avouer son insuffisance, il s'adressera à un autre vendeur qui n'aura pas autant de scrupule que le premier. Cette situation fait naître la double obligation de la part du consommateur de repousser le préjugé qu'un vin mélangé ne saurait être une excellente boisson, et de celle du fournisseur que tout vin doit être livré pour ce qu'il est et pour ce qu'il vaut ; car, hors ces deux termes, il n'y a que confusion et impuissance.

Le mélange des vins est dans la nature même du fruit qui le produit ; car on n'obtient dans le plus réputé des vignobles que du vin d'une pureté relative, attendu que les cépages et les raisins qu'ils produisent ont des caractères physiques très variés. Pour avoir du vin absolument pur, on ne saurait l'obtenir que de la vigne plantée du même cépage, condition fort peu praticable à divers égards. La loi elle-même dispose qu'un vendeur a le droit de mélanger ses vins pour les accommoder au goût de sa clientèle.

Les vins se manifestent à leur sortie de la cuve avec les qualités et les défauts que la vendange leur à communiqués dans une proportion d'autant plus grande pour les uns comme pour les autres, que la nature du sol, le choix des cépages et la température de l'année ont contribué à leur fournir. Les vins dont les qualités sont suffisantes pour sa conversation, sont ceux qu'on destine à demeurer en nature ; mais pour ceux, et c'est généralement la plus importante quantité, qui sont trop ou trop peu colorés, faibles, plats, durs, grossiers, verts, dépourvus de bouquet pâteux, âpres, avec goût plus ou moins prononcé de terroir, trop forts ou trop légers, on comprend que le mélange d'un vin faible avec un vin fort, un vin de couleur insuffisante avec un autre trop coloré, un vin léger avec un autre trop généreux, un vin dur avec un vin plat... etc., peut fournir un vin supérieur en qualité. A l'un quelconque de ces composés, ces diverses combinaisons ne peuvent, il est vrai, êtres faites que par des personnes expérimentées, et qui savent les doses que chaque nature de vin doit fournir et quels sont ceux de ces liquides qui ont plus d'affinités entr'eux ; car le but à atteindre n'est pas seulement de produire une mixtion plus ou moins homogène, mais encore de lui donner un goût franc qui le rapproche des qualités d'un vin de bonne nature. On peut affirmer qu'une opération de ce genre fournit un produit presque toujours préféré par le préparateur lui-même à un vin en parfaite nature, d'un prix relativement plus élevé que celui auquel revient le mélange. Voici le motif des avantages d'un coupage sur le vin en nature : Le contact des vins d'origine différentes produit une fermentation, dont le résultat est un liquide nouveau qui s'est débarrassé par ce travail intime de portions de matières non dissoutes qui masquaient sa transparence et son goût ; chacun des composés s'est assimilé partie des qualités dont il était dépourvu de son coparticipant à la masse. Lorsque celle-ci a terminé sa fermentation, on soutire dans une autre fût, on colle plus ou moins fortement, et on répète le soutirage et le collage si besoin est pour dépouiller ce produit nouveau de la lie que pourrait provoquer une fermentation prolongée. Ce procédé a pour effet de faciliter la combinaison intime de toutes les molécules constituantes de chacun des vins employés, et d'en faire un liquide homogène dans toutes ses parties, qui est franc de goût, mais qui a perdu tout caractère originel, bon ou mauvais. Ce mélange ainsi traité a toutes les apparences d'un vin de deux ou trois ans, selon le nombre de soutirages et de collages auxquels on l'a soumis; il faut un choix de vins faits avec intelligence parmi ceux qui se marient bien pour obtenir un bon résultat. Ce serait une erreur de croire qu'un vin ainsi préparé ne se conserve pas et ne s'améliore pas en bouteille. Il est évident que les opérations qu'il a subies l'ont fatigué beaucoup plus que si on lui eût laissé le temps d'accomplir naturellement ses phases d'amélioration, et qu'il ne peut durer aussi longtemps que le vin en nature qu'on le destine à remplacer; mais il peut parfaitement durer plusieurs années avec toutes les qualités d'un vin agréable à boire, et être tout aussi salubre pour la santé qu'un vin en parfaite nature et de bonne qualité.

Exemple de quelques Mélanges pratiqués :

1º Les vins de la côte Mâconnaise, Beaujolaise et de la côte Châlonnaise, coupés comme il vient d'être dit avec un tiers ou un quart de bon Saint-Georges (Hérault) qui communiquera sa générosité et son bon goût, sans altérer le bouquet du Bourgogne, sont toujours préférés aux vins même un peu supérieur en nature de ces pays, surtout lorsque l'année n'a pas été favorable.

2º Un vin de Bas Médoc, coupé avec ceux de l'Ermitage ou du bon Cahors, gagne en corps et en spiritueux, sans perdre bien sensiblement sa finesse et son bouquet.

3º Comme vins ordinaires de table, les petits vins neutres du midi, coupés avec vin du Cher, vins blancs de Bénauge ou d'Anjou et quantité suffisante de Roussillon ou de bon Narbonne, forment un très bon vin de table, parfaitement sain, et qui peut se garder avec avantage pendant au moins cinq ans.

4º Enfin, la grosse cuvée du broc de Paris qui emploie le gros vin de tous les pays, les petits vins blancs ou rouges du Bordelais, du midi et du centre de la France, sont employés à cette cuvée dont le détail de Paris consomme une si énorme quantité. Ces vins doivent avoir une forte couleur et un degré d'alcool qui varie de 11 à 14 dégrés centigrades ; on ne les vend pas ainsi et je n'ai pas mission de dire ce qu'on en fait. Je me borne à affirmer que ces vins ne sont aucunement nuisibles, qu'ils sont à l'état qui plaît au consommateur, sans mauvais goût, assez corsés, beaux de couleurs et surtout à peu près toujours les mêmes, et cela pour apprendre à la nature combien elle a tort de produire des vins si différents de couleur, de goût, de qualité, qu'on ne pourrait trouver en France, parmi les deux millions de propriétaires, deux vins exactement semblables.

Somme toute, les mélanges sont favorables au producteur qui, lui aussi, accepte fort bien tout moyen de corriger l'imperfection de sa récolte, en ce que ses opérations lui facilitent les moyens d'écouler des produits qui, sans ce secours, seraient délaissés ; aux consommateurs, parce qu'il peut à un prix relativement modéré, s'approvisionner constamment d'une boisson saine, fortifiante, agréable et dont l'emploi est entré dans ses habitudes, pour ce qui est de l'intermédiaire, c'est-à-dire le commerce, il devrait lui être infiniment préférable de ne vendre que des vins de nature et de belle qualité, si le consommateur y voulait mettre le prix qu'ils valent. Quand à ceux pour qui la pratique des mélanges est une occasion de tromperie et de bénéfice illicite, ils commettent des abus de confiance ; c'est à la justice de punir leur mauvaise foi, et aux consommateurs de s'en défendre de leur mieux.

DES BIÈRES

La fabrication des bières est une industrie dont l'origine remonte et se confond avec l'histoire d'Orisis et de Cérès. Aristote et Théophraste l'ont décrite et nommée vin d'orge. De nos jours cette fabrication a atteint des proportions considérables, et l'usage de la bière est très répandu en Europe. La Belgique, qui compte environ 4,000,000 d'habitants, en produit seule près de 10,000,000 d'hectolitres, dont elle n'exporte qu'une petite partie.

La bière bien fabriquée constitue une boisson saine et nourrissante ; elle contient des principes azotés dans les parties extractives des grains qui servent à sa fabrication.

Composition des diverses Bières.

1º Tous les farineux, céréales ou légumineuses, dont on emploie plus particulièrement l'orge, le froment, le seigle, l'avoine, le sarrasin, lépeautre et le maïs, les fèves, fèveroles, haricots, pois et autres végétaux contenant de la fécule ou du sucre, sont plus ou moins propres à la fabrication de la bière ;

2º Les matières amères, en même temps qu'elles communiquent un goût plus ou moins agréable, aident à la conservation de la bière en lui communiquant des propriétés toniques à divers degrés. Le houblon est l'amer le plus usité, et la partie active de cette plante se nomme lupuline. Les qualités des houblons varient suivant les pays ; on les estime généralement dans l'ordre qui suit : fleur de houblon d'Amérique, d'Angleterre, de l'Allemagne centrale, Belgique, Hollande et enfin d'Alsace, en France. On emploie les copeaux de pin Sylvestre, tant pour clarifier les bières que pour lui communiquer le goût résineux de ce bois. En Bavière, on enduit les tonneaux d'une couche légère de poix, qui donne un goût peu agréable, mais contribue à la conservation de la bière ;

3º Les matières aromatiques sont employées dans

cette fabrication pour augmenter les propriétés toniques et fournir un goût et un bouquet agréables. A cet effet, on emploie la coriandre très aromatique et astringente ; le carvi ou cumin des prés, la graine de paradis, la fleur de sureau, le gingembre, le cassia amara, l'aloës et quelques autres.

Bières d'Orge Anglaises.

C'est en Angleterre qu'on fabrique les bières les plus renommées. L'ale et le porter d'exportation qu'on prépare à Londres sont les premières bières du monde.

L'ale a aujourd'hui la préférence des amateurs qui l'accordaient autrefois au porter. On brasse plusieurs qualités de ce genre de bière. L'ale d'exportation est préparée avec du malt pâte et la première qualité de houblon de Kant, le Scotch, ale de Preston (Ecosse), qui rivalise avec l'ale de Londres et lui est même préférée sur le continent, bien qu'on lui reproche d'être trop capiteuse.

L'ale ordinaire de Londres ressemble à l'ale dite d'exportation ; mais elle est moins forte, attendu que le volume d'eau employé pour la première trempe est plus considérable. La ville de Londres brasse elle seule près de 4,000,000 d'hectolitres de bières diverses.

Le porter et le Brown-Stout sont deux bières brunes dont la couleur tient à la torréfaction poussée au cœur du grain, qui constitue un malt brun. Le porter se consòmme ordinairement dans le pays ; le Brown-Stout est le porter d'exportation.

L'Ambar-Beer est préparé avec les mêmes substances et une addition de mélasse et de réglisse. Cette bière est consommée par les habitants; elle est plus ou moins foncée, mais sa couleur la plus ordinaire est celle du vin de Malaga.

Bière de table (table beer). Cette bière est faite avec le malt pâle ou ambré du houblon et de la réglisse, ainsi que son nom l'indique. C'est la boisson ordinaire des Anglais.

En général, toutes les bières anglaises sont brassées avec le malt brun, ambré ou pâle, dont la quantité à employer varie selon la force, la couleur qu'on veut obtenir ; le houblon est, dans sa proportion relative, destiné au même emploi ; mais toujours ces deux principes sont choisis parmi leurs premières qualités. La quantité d'eau employée pour les premières trempes varie suivant la qualité qu'on veut produire.

Bière d'Orge d'Allemagne.

Bière de Bavière. Ces bières jouissent d'une réputation étendue et méritée. Dans tout ce royaume, on excelle à préparer le malt, et on y suit en cela les mêmes procédés qu'en Angleterre. Munich brasse 5,000,000 d'hectolitres de bière de trois espèces : 1° bière brune, de garde, très bonne qualité ; 2° Bock ou Satfaton, plus forte que la précédente en malt et en houblon, qu'on choisit les plus fins et les meilleurs ; on ne brasse ces deux qualités que d'avril à octobre et jamais en été ; 3° bière blanche, préparée aux mêmes époques, avec du malt pâte desséché à basse température.

On brasse aussi en toute saison des bières ordinaires de qualités inférieures aux précédentes.

Bière d'Augsbourg. Elle est un peu plus foncée, plus douce et plus visqueuse que la bière brune de Garde de Munich.

Nuremberg brasse les mêmes qualités avec les mêmes procédés que Munich.

Ale de Hambourg. Cette bière est un peu plus pâle que l'ale de Londres ; elle n'est ni aussi forte, ni aussi limpide, mais elle se conserve aussi bien ; a un goût et un moelleux qui peuvent rivaliser avec cette excellente bière anglaise.

Bière brune de Brème. Préparée avec du malt, très brune, elle se conserve, mais elle a un goût un peu amer. On prépare à Copenhague une bière brune très estimée qui diffère de goût avec la prcédente et s'exporte au loin.

Bières Belges et Hollandaises.

Anvers. Pour la préparation de la bière d'Anvers, on emploie en assez faible quantité l'avoine et le froment non germés avec le malt d'orge. Ces bières sont brassées en saison tempérée et se conservent pendant deux ans.

Flandre. On brasse sous le nom d'Uytzet deux sortes de bières : l'une double pour l'exportation et l'autre pour le pays ; on les soumet à l'ébulition pour leur faire acquérir plus de couleur et plus de propriétés de conservation.

Louvain. La bière d'orge se prépare avec du malt, très légèrement ambré par dissécation ; la bière blanche se compose d'orge et de froment par parties égales, et six à dix pour cent d'avoine. Cette bière ne se clarifie pas et se digère mal ; elle a, dit-on, la propriété de pousser au développement des tissus graisseux.

Maestrichtt, Maeseyck et autres villes riveraines de la Meuse fabriquent des bières brunes très estimées en Hollande, bien qu'une certaine proportion de froment et d'épautre n'y soit pas étrangère.

Bières fromentacées Belges, Allemandes et Russes.

Bruxelles. On fabrique dans cette ville trois sortes de bières : le Lambick, le Faro et la bière de Mars ; on en pourrait ajouter quelques autres qui en diffèrent par les procédés de fermentation : elles sont composées de malt, d'orge et de blé non germé par parties légales. L'opération du brassage n'a jamais lieu en été. Ces bières sont de fort bon goût, de bonne qualité, et de bonne garde ; mais elles parviennent rarement au consommateur telles que le brasseur les prépare. Elles sont entre les mains des marchands de bières, l'objet de plusieurs mélanges avec des petites bières. Il est à remarquer que les brasseurs sont impuissants à réunir ces coupages au même degré de perfection que les marchands qui excellent dans ces pratiques.

Le Pecterman est une bière ambrée, moelleuse, agréable au goût, qui ne se clarifie jamais en tonneau; en bouteille, elle devient limpide avec un certain temps; elle donne alors une mousse tenace. Comme la bière blanche de Louvain, elle engraisse les buveurs.

La bière de Diest a un bouquet particulier qui lui communique un bouquet de miel; elle est préparée comme la précédente.

La bière de Malines est composée avec orge, froment, avoine desséchés ensemble.

La bière de Liége brassée en bonne saison se conserve bien.

La bière blanche de Berlin est brassée avec le malt du froment en double quantité de celui d'orge et vingt pour cent d'avoine germée séparément. Cette bière a bon goût, mais se conserve peu.

Charleroy, Namur, Liége, Mons et autres localités du pays Vallon, brassent des bières qui varient de composition, suivant qu'on emploie l'orge, le froment; l'épeautre, l'avoine, les fèverolles, ou le sarrasin; leur réputation ne dépasse pas le pays.

Russie. Les grandes villes de ce vaste empire possédent aujourd'hui des brasseries montées suivant les pro-

cédés anglais où on prépare très bien le malt d'orge ;
mais les petits ménages préparent pour leur boisson
une espèce de bière avec du seigle et de l'avoine germée
et une portion d'orge germé et touraillé ou four. Cette
boisson n'est pas dépourvue de bon goût.

Bières Françaises.

Paris. L'abondance de petits vins et leur bon marché
comparatif engagent en général les brasseurs à ne préparer leur bière qu'au fur et à mesure des besoins ; on
importe les bières étrangères de bonne qualité et on fabrique à Paris 155,000 hectolitres de bière brune et
blanche, ou encore en imitation des bières de Bavière,
Anglaises, Belges, de Strasbourg, Lyon et Lille. Les brasseurs préparent trois sortes de bière : 1º bière de
Mars ; 2º bière double ; 3º petite bière. La bière de Mars
est brassée à la fin de l'hiver et n'est livrée à la consommation qu'après quatre ou six mois de garde ; la bière
double est préparée de quinze à vingt jours avant de la
livrer aux débitants ; les petites bières sont livrées au
fur et à mesure de leur préparation. Il entre dans la
composition des deux dernieres sortes de bières, en plus
ou moins, des sirops de fécule ou de mélasse de médiocre qualité ; aussi ces bières ne peuvent être considérées
comme une boisson saine, agréable et digestive.

On prépare encore une bière blanche faite avec un
malt d'orge desséché à basse température, du houblon de

première qualité et des ingrédiens aromatiques qui en font une boisson agréable au goût.

Strasbourg. La bière de Strasbourg a une réputation très ancienne et fort bien méritée; la concurrence qu'elle a fait pendant longtemps aux bières de Paris est encore considérable, bien qu'elle ait depuis quelques années perdu de son importance.

Cette ville ne fabrique qu'une sorte de bière, et la seule différence de qualité consiste en l'époque de fabrication. La bière de Mars, brassée en janvier, février et mars, et qui n'est livrée que dans le courant de l'été, est préparée avec le houblon d'Allemagne. La bière jeune, qui est fabriquée quinze à vingt jours avant d'être livrée à la consommation, est préparée avec le houblon du pays dans une plus grande proportion.

Lyon. La bière de Lyon est expédiée dans tous les centres et une partie du midi de la France, où elle jouit d'une renommée justement établie; sa couleur est fortement ambrée, son goût est agréable; elle a beaucoup de moelleux de corps et se digère très facilement.

Lille. La fabrication de la bière a dans cette ville une importance supérieure à celle de toutes les autres villes de France; car la quantité fabriquée atteint 200,000 hectolitres. On y brasse une bonne bière double de garde, de la bonne bière brune de garde qui est la boisson de la classe moyenne et une quantité considérable de petite bière qui a quelques analogies avec celle de même nature qu'on prépare à Paris.

Hydromels.

L'hydromel, ainsi que son nom l'indique, est un produit du miel étendu d'eau, soumis à la fermentation, et dont la qualité est d'autant meilleure que le miel est plus fin et en plus grande quantité. En Russie, on fabrique des hydromels qui ont un très bon goût, du corps et un bouquet agréable.

On fabrique aussi des hydromels avec du miel, des raisins secs et divers autres fruits, suivant la nature de ces différentes matières et leur qualité relative; la boisson obtenue peut être saine, agréable et d'une certaine conservation. C'est une excellente boisson de ménage.

DES MALADIES DES VINS

Procédé pour rétablir les Vins tournés.

On sait que le vin dans cet état a une teinte noire et une odeur désagréable, parce qu'il s'est formé de la potasse aux dépens du tartre et de la matière colorante. Pour lui faire reprendre sa couleur, son odeur et son goût primitif, il faut d'abord faire près de la bonde un trou avec une petite vrille, à l'endroit le plus élevé du tonneau ; puis, mettre dans ce dernier 100 grammes de sel de cuisine ou commun et 32 grammes d'acide tartrique bien pulvérisés ; avoir le soin de ne pas fouetter le liquide ; enfin, laisser le petit trou fait par la vrille ouvert pendant trois jours. La quantité de sel et d'acide tartrique ci-dessus exprimé est nécessaire pour chaque hectolitre de vin que contient le tonneau.

Après les trois jours écoulés, on soutire le liquide dans un tonneau bien propre et méché suffisamment, en y ajoutant une infusion de 100 grammes de tanin dans une demi-litre de 3/6 Montpellier, droit de goût. Par le moyen de ce procédé, nous avons parfaitement rétabli des vins qui étaient entièrement décomposés depuis plus d'un an.

Moyen de ramener un Vin devenu piqué.

Nous avons essayé plusieurs procédés pour tenter d'adoucir l'acidité des vins ; la tentative n'est pas toujours couronnée de succès ; mais si le vin n'a qu'un commencement d'altération, on le guérira avec 200 grammes par hectolitre de blanc d'Espagne. Cette opération se fait en délayant la poudre dans une portion du liquide qu'on verse ensuite dans le tonneau ; il faut agiter fortement avec le fouet ou la dodine pendant trois jours, soir et matin, pour mêler bien exactement la poudre dans la masse du vin. L'acide s'empare de la chaux, et l'acide carbonique se dégage. Au bout de deux ou trois jours, on soutire et on colle fortement, soit avec la gélatine, l'aine ou avec la pulvérine ; mais cette opération a appauvri le vin de son spiritueux et de son arôme. Il devient urgent, si on veut le conserver long-temps, de faire infuser 20 grammes brou de noix, deux zestes de citron, une pincée iris de Florence dans un litre esprit-de-vin bon goût à tiède pendant vingt-quatre heures ; mettre le tout dans le fût et laisser reposer. Par ce moyen, on pourra utiliser un vin pour le coupage qui ne serait bon qu'à la chaudière et qui ferait même du mauvais 3/6 qu'on ne pourrait livrer à a consommation qu'en le coupant avec d'autres.

Des Vins moisis ou fûtés.

Le goût du moisi provient de la malpropreté des futailles.

On attribue ce goût à la présence d'une végétation criptogamique ou espèce de champignon microscopique, qui s'établit sur les parois des fûts vides, abandonnés au libre contact de l'air atmosphérique.

Cette végétation apparaît sous forme de moisissures bleues, et vit aux dépens des matières déposées sur les parois de la futaille, soit au détriment du bois lui-même qu'elle décompose lentement.

Ces végétations constituent des êtres vivants, dont l'action physiologique détermine le travail de décomposition des matières organiques sur lesquelles s'exerce leur activité. Cette décomposition des matières organiques et du bois donne lieu à un dégagement de gaz odorant et désagréable. Ces gaz infectent les moisissures elles-mêmes, et leur contact communique aux liquides le goût connu sous le nom de moisi.

Le goût de moisi, communiqué soit au vin, soit à l'eau-de-vie, est très difficile à enlever ; on a proposé pour le détruire plusieurs moyens sans efficacité réelle, tels, par exemple, que l'emploi d'un sachet rempli de seigle grillé ou de morceaux de carottes torrifiées que l'on introduit dans le liquide infecté.

Ces moyens empiriques ont peu de valeur ; ils peuvent communiquer au liquide dans lequel on les met à infuser un goût particulier de brûlé pour marquer l'odeur et le goût du moisi ; mais, en vérité, cela ne détruit ni n'atténue le goût des moisissures.

S'il s'agissait de désinfecter des liquides non destinés à la consommation, nous pourrions indiquer des agents chimiques qui neutraliseraient rapidement le goût de moisi ; mais ces moyens sont inapplicables aux substances alimentaires telles que le vin et l'eau-de-vie.

L'huile d'olive a été vantée comme spécifique pour absorber le goût du moisi à peine supportable dans le vin. Ce moyen devient mauvais pour l'eau-de-vie. L'alcool dissout une certaine quantité du corps gras des huiles et se l'approprie. Ce mélange d'alcool et d'huile acquiert un goût désagréable de graisse et de graillon qu'on ne doit trouver dans aucune boisson. Il ne reste qu'un seul agent inoffensif et capable d'enlever le goût du moisi et du fûté.

Il faut avoir le soin de soutirer le vin dans un fût bien propre et passé à l'eau-de-vie ; ensuite, prendre cannelle et girofle pilé, 60 grammes ; coriandre, 30 grammes ; Iris de Florence, 10 grammes ; 1 zeste de citron. Faire infuser dans un litre d'eau-de-vie vingt-quatre heures ; mettre dans le fût et brosser, en ayant soin de faire un trou avec le foret, près la bonde, sur la partie la plus élevée du tonneau.

DE LA DÉGUSTATION

De tous les êtres organisés, l'homme est à coup sûr celui qui a le moins l'instinct naturel des substances alimentaires qui conviennent à son organisation ; cette disposition originaire de ses facultés l'oblige à examiner avec attention ce qui est nécessaire à ses besoins ou à agir par imitation de ses semblables ou suivant la tradition de ses devanciers.

Goûter du vin pour en déterminer le mérite ou les défauts n'est pas chose aussi aisée qu'on pourrait croire. L'étude et la réflexion dans l'analyse des sensations produites par la dégustation, sont d'une nécessité absolue et il n'est à la portée que des hommes accoutumés à cet exercice d'en tirer d'utiles conséquences.

Tout le monde peut se prononcer sur la convenance du goût d'un liquide; mais le vrai dégustateur peut seul se prononcer avec quelque certitude sur ses propriétés et son caractère réel. Tel vin agréable aujourd'hui peut cesser de l'être demain sous la moindre influence fâcheuse à sa constitution et revenir plus tard à son premier état favorable.

Trois de nos sens concourent à l'appréciation des liquides :

1º La vue. Si un vin est limpide, sa couleur ressort toute entière; s'il est plus ou moins trouble, on peut pressentir qu"il tient en suspension des matières non solubles dont l'influence peut déterminer un état de fermentation qui pourra amoindrir sa valeur.

2º L'odorat sert à distinguer le bouquet ou parfum qui caractérise les vins des différents territoires, vignobles. Selon le degré de température où se trouve le liquide examiné, son âge ou sa finesse, le bouquet se dégage plus ou moins intense et il est plus ou moins persistant.

3º Le goût est le juge en dernier ressort, mais il en est aussi le sens dont les opérations sont les plus compliquées; il ne suffit pas d'avaler ou de rejeter le liquide, il faut goûter avec soin; la langue, les joues, les genoises et l'arrière bouche communiquent leurs impressions selon l'organisation qui leur est propre : la langue sert à retourner, diviser et macérer le liquide ; les popilles nerveuses dont elle est tapissée agissent comme agents mé-

caniques et impressionables tout à la fois; les joues
fournissent par les glandes salivaires un suc plus ou
moins neutre alcalin ou acide qui dissout les molécules du liquide éprouvé ; l'arrière bouche est la cornue
où vient aboutir le produit de cette décomposition ;
c'est là que les fosses nasales viennent prêter leur concours olfactif et où toutes les propriétés sont analysées ;
c'est dans ce dernier refuge que la sève se développe
d'abord, bien qu'elle survive à la déglutition ou au rejet
du liquide étudié.

Pendant que l'acte de la dégustation s'accomplit, le
dégustateur doit réfléchir et garder dans sa mémoire le
souvenir de toutes les impressions produites sur la
langue, les joues, les gencives, et surtout l'arrière bouche; il doit enfin s'écouter, goûter avec une grande attention, en rapprochant de ce dernier acte les impressions produites par l'office préliminaire de la vue et de
l'odorat. Il pourra donner une conclusion certaine à son
opinion sur le mérite d'un vin ainsi analysé; cette opinion sera d'autant mieux fondée que ses sens seront plus
délicats et qu'il aura une plus grande habitude de cette
opération. C'est donc en observant avec attention ce qui
vient d'être dit qu'on peut parvenir, avec un peu de pratique, à distinguer le caractère général et particulier des
vins des différents pays et les vins mélangés et sophisti-
qués de ceux qui sont en nature et francs de goût. Les
dégustateurs de Bordeaux sont sans contredit les premiers du monde, et on ne pourrait leur opposer, pour la

sûreté de leur goût, que quelques amateurs parmi les gens du grand monde, dont la délicatesse des sens et l'habitude de boire de grands vins constituent de vrais connaisseurs; mais si ces derniers peuvent établir les nuances de supériorité des vins soumis à leur jugement avec connaissance de cause, ils n'ont pas à un égal degré la faculté d'établir les nuances du caractère de chaque cru et de chaque récolte. Le dégustateur bordelais ne goûte que les vins de la contrée pour laquelle il est nommé, et c'est toujours à jeûn et en parfait état de santé. Si une cause quelconque vient ou modifier ou atténuer ses facultés pour un moment, il déclare n'être pas en goût et l'appréciation est renvoyée à un temps plus favorable. L'observation rigoureuse de toutes ces conditions est d'autant plus indispensable, que ces dégustateurs ont à se prononcer sur les produits presque égaux en mérite de deux propriétaires voisins et rivaux quelquefois. Il faut pourtant établir la cote ou valeur proportionnelle du vin de chacun d'eux, et on comprend toute l'attention et la sûreté d'appréciation dont ces dégustateurs ont à faire preuve.

On peut se faire par ce qui précède une opinion sur la difficulté qu'il y a pour le consommateur en général et en particulier pour celui qui est éloigné de tout centre vignoble, de connaître non seulement les vins de différents crus, mais encore de distinguer ces mêmes vins en nature de leur imitation bien réussie, surtout en présence de ce fait qu'il y a en France 2,200,000 propriétaires de vignes dont le produit diffère entr'eux. Si peu perceptible qu'en soit la nuance, elle se manifeste par la comparaison.

De tout cela il faut conclure pour le commerçant qu'il doit s'exercer à goûter les liquides de son commerce pour en déterminer les propriétés et la valeur relative qu'ils offrent, chose qui lui sera d'autant plus facile qu'il est toujours en présence du sujet. Quant au consommateur, dont l'instruction à cet égard serait trop longue à faire, il peut choisir parmi les maisons honorables assez nombreuses, quoiqu'en disent certains critiques, celle qui le fournira le mieux à son goût et le traitera le plus favorablement sous le rapport du prix.

MAGASINS, CHAIS, CELLIERS ET CAVES

Le magasin est un local à fleur de sol ou légèrement creusé où un marchand range les vins en pièce ou en bouteilles qui sont destinés à être vendus, et où les acheteurs viennent les goûter ou les reconnaître ; ils doivent être sains, frais, proprement tenus et peu éclairés.

Le chai est la portion de bâtiment qu'un propriétaire destine à l'emplacement des cuves et pressoirs où on foule, presse et laisse fermenter la vendange. Il doit ouvrir au nord et être maintenu autant que possible au plus égal degré de température.

Le cellier est le local où un propriétaire place les vins de sa récolte après leur sortie de la cuve. Cet emplacement fait trop souvent suite au chai dont il devrait être éloigné lorsque les propriétaires conservent plusieurs récoltes, attendu que la fermentation de la vendange dans leur voisinage peut provoquer une fermentation qui, s'y elle n'est pas nuisible, oblige à des frais de soutirage dont on eut pu se dispenser avec une meilleure organisation.

La cave est généralement le dernier logement du vin, qui ne sort que pour être consommé ; c'est là aussi que se prolonge plus ou moins le séjour de ce liquide et où s'accomplissent les phases les plus importantes de son amélioration. On doit donc s'attacher à avoir une cave qui réunisse le mieux possible toutes les conditions désirables, et qui sont, d'après le savant comte Chaptal, d'être creusées à une profondeur de quatre mètres sous la clef de la voûte. L'entrée, si elle n'est pas dans la maison, doit être au nord ou à l'est ; elle doit être saine, peu humide ; les soupiraux ne doivent pas dépasser les proportions utiles pour l'assainir sans l'éclairer. Il faut même les fermer lorsque la température de la cave, qui ne doit pas dépasser dix degrés centigrades, tend à se mettre en communication avec la température extérieure plus haute ou plus basse. Il ne faut pas perdre de vue que les altérations de chaleur ou de froid compromettent la conservation des vins en provoquant un état de fermentation nuisible ; les voisinages de métiers à marteaux, le passage fréquent des voitures sur le pavé voisin de leur niveau supérieur produisent un effet analogue ; la proximité des écuries, des fosses d'aisances et des dépôts de fumiers et d'immondices est des plus pernicieuses ; la propreté dans une cave est de rigueur ; un détritus de légume ou de fruit en putréfication peut communiquer un mauvais goût aux vins ; enfin, les chantiers ou tins sur lesquels sont placés les fûts doivent être assez élevés et éloignés des murs pour laisser l'air circuler librement en dessous, derrière et par côté. Les ustensiles qui servent à opérer sur les vins les divers soins qu'ils réclament, doivent être proprement tenus et placés de manière à n'avoir aucun contact permanent avec le sol ou avec le mur.

SOINS A L'ARRIVÉE DES LIQUIDES

Toute personne qui reçoit une marchandise à elle expédiée est censée avoir fait la demande ; si donc un marchand de vins ou un consommateur reçoit des liquides à sa destination, il a le devoir de les refuser s'il ne les a pas demandés ; dans le cas contraire, tout envoi doit être examiné par le destinataire ; il doit faire constater les avaries s'il y en a et l'infériorité de la qualité si elle existe. A défaut de la présence de l'expéditeur et si personne ne se présente pour lui, il est prudent de refuser l'envoi. La prise de possession équivaut à l'acceptation, et on ne pourrait ultérieurement se prévaloir d'une moins valeur qui n'eut pas été régulièrement constatée et reconnue par l'expéditeur lorsqu'il n'y a pas lieu à réclamation ; dans ce cas, le destinataire doit s'assurer que toute formalité de régie a été observée.

Les vins, surtout ceux qui viennent de loin, ont subi dans le cours du transport les influences plus ou moins fâcheuses des changements de température, des secousses causées par les voitures et surtout les chemins de fer. Ces circonstances peuvent influer sur le mérite des vins à leur arrivée et même les altérer sensiblement ; ils ont besoin dans tous les cas de soins plus ou moins pressants ; s'ils sont louches, il faut les coller, et s'ils ne sont que fatigués, il faut les laisser reposer, et dans l'un et l'autre cas, les soutirer aussitôt qu'ils sont devenus limpides. Les lies qui se détachent du vin pour les causes qui viennent d'être exposées sont plus légères que celles qui se précipitent au repos et sans dérangement. A la plus faible cause de fermentation, elles peuvent remonter dans la masse du liquide et influer fâcheusement sur sa qualité et sa conservation.

Lorsque les vins ont été soutirés, on doit les placer sur les chantiers, en ayant soin d'incliner la bonde de manière à la noyer dans le vin, afin d'intercepter toute communication avec l'air extérieur, au moins pour les fûts qu'on ne remplit pas tous les mois. Si la bonde se trouve dessus, le bois en se desséchant laisse entre la bonde et l'orifice du tonneau un passage par lequel l'air pénètre et vient se mettre en contact avec les couches supérieures du liquide qu'il altère plus ou moins, selon le temps que dure cette situation.

COLLAGE, FOUETTAGE, CLARIFICATION

Ces trois expressions, parfaitement synonymes, signifient une opération qui a pour objet de débarrasser les vins des matières qu'ils tiennent en suspension, qui en masquent la limpidité, le bon goût, et dont la présence prolongée pourrait devenir une cause d'altération. Ces matières sont les lies qu'on précipite au fond du tonneau au moyen de diverses substances qui ont la propriété de les détacher et de les entraîner, quand on mêle aussi intimement que possible par une agitation énergique ces substances dans la masse du vin. Parmi ces dernières, celle qui obtient la préférence la plus générale est le blanc d'œuf, bien frais, battu en neige. On se sert pour les vins blancs de colle préparée avec de la gélatine, la colle de Flandre, la colle de poisson de Russie. Pour les vin rouges trop lourds ou trop colorés, on emploie le sang chaud des animaux. Diverses poudres diversement préparées se partagent le suffrage des marchands de vin et des propriétaires.

Quel que soit l'agent clarificateur, la manière de l'employer est toujours la même ; il faut retirer du fût à coller une quantité de liquide qui laisse un vide suffisant pour y introduire la colle et pouvoir agiter fortement en tout sens, sans en répandre la masse du liquide, afin de l'y faire pénétrer le plus possible. On remplit ensuite le tonneau avec le vin qu'on en a retiré, en ayant soin de battre les parois extérieures des douves de façon à abattre la mousse qui se forme avec abondance et à chasser l'air qui aurait pu pénétrer dans le liquide ; il faut continuer ainsi jusqu'au moment ou le fût est bien plein et que la mousse à disparu dans le tonneau. Si on opère sur un vin vieux et qui ne semble pas vouloir fermenter, on peut assujétir la bonde ; si au contraire le vin est nouveau et qu'il semble en état de fermentation, il est bon de ne placer la bonde que légèrement, de manière que la pression extérieure de l'air aide à précipiter la colle et neutraliser les dispositions au travail que le vin annonce. Il est même des cas où il est utile de ménager au moyen d'un trou de foret une issue au gaz qui se forme.

MISE EN BOUTEILLES

Cette opération mérite plus de soins qu'on ne le suppose assez généralement. L'indifférence en cette pratique cause plus de désappointement qu'on n'est disposé à lui en attribuer. Loger un liquide composé comme le vin dans un espace ou il peut demeurer un temps plus court ou plus long, mais où il sera constamment en contact avec les causes qui peuvent avoir tant d'influence sur les qualités qu'il peut acquérir est une question pourtant capitale. Si elle intéresse le consommateur au plus haut point, elle n'est pas moins importante pour le fournisseur, qui peut parfaitement, malgré la loyauté de ses livraisons et leur qualité certaine, ne recevoir que des reproches et perdre de bons clients, parce que ceux-ci n'auront apporté aucune attention aux soins que cette boisson exige. Le consommateur est trop disposé à mettre à la charge du fournisseur tous les inconvénients qui résultent de sa fourniture, pour chercher ailleurs la cause du mauvais état de son vin; il a pourtant d'assez fréquents rapports avec ce liquide, et l'un se présente assez souvent pour être consommé aux yeux de celui qui le consomme pour éveiller sa sollicitude et l'engager à l'entourer de toutes les circonstances qui sont de nature à l'améliorer.

Avant de procéder à la mise en bouteilles, on doit s'assurer que la colle avec laquelle on doit invariablement traiter tout vin qui a voyagé, quelque limpide qu'il paraisse, a fait son effet, que le vin est brillant, à ce point que les sommeliers de Paris appellent Nif. Cette situation constatée affirmativement, on pose la cannelle un peu avant de tirer, quelques heures si c'est possible. On met de côté la première bouteille qui a dégorgé la cannelle, car elle peut avoir rencontré un peu de lie dans la couche inférieure du liquide. Il faut boucher au fur et mesure que l'on tire pour éviter, autant que faire se peut, le moindre contact du vin avec l'eau. Le bouchon, soit qu'on bouche à la mécanique, soit à la main, devrait être préalablement trempé dans de la bonne eau-de-vie, afin que tous les contacts que ces bouchons pourraient avoir eus, ou les poussières dont ils seraient plus ou moins couverts, soient neutralisés dans les effets nuisibles qu'ils pourraient avoir sur les vins. Il est essentiel que les bouchons soient de bonne qualités, assez élastiques pour être bien comprimés, de manière que s'appuyant fortement contre les parrois du goulot de la bouteille, ils empêchent absolument tout épanchement du liquide et que l'humidité ne puisse pas les pénétrer. Il est d'autant plus impérieux d'observer toutes ces conditions, que le vin est de plus grande qualité et qu'il est destiné à une longue conservation.

Le choix des bouteilles mérite de fixer l'attention, car si elles ont été mal fabriquées, le liquide qu'elles sont destinées à contenir peut en ressentir une influence fâcheuse pour sa qualité ou sa conservation ; il faut aussi avoir soin de les prendre de même forme et dimension pour pouvoir les empiler sans craindre que la pression des couches supérieures ne fasse casser celles qui dépasseraient le niveau du plus grand nombre. Il est utile d'examiner si l'entrée du goulot n'a pas le bord intérieur trop tranchant, ce qui empêche le bouchon de pénétrer.

Rincer avec soin les bouteilles est une chose indispensable. La moindre impureté ou des parcelles de lie qui y resteraient, sont autant de causes qui peuvent nuire au vin et le faire aigrir. Il faut les passer au plomb ou au goupillon, et ne pas ménager l'eau pour amener leur transparence complète. Lorsqu'on emploi les eaux de pompe ou autres qui ne sont pas très claires, il serait prudent de les rincer vingt-quatre heures à l'avance et les mettre à égoutter en les renversant jusqu'au moment de les remplir; mais dans le cas ou cette opération ne serait pas praticable aisément, il faut rincer la quantité nécessaire pour toute la pièce; les renverser pour les égouter à mesure et commencer à remplir par les premières bouteilles nettoyées. Dans ce dernier cas, et surtout si l'eau laisse à désirer, il sera prudent de passer un peu de bonne eau-de-vie dans la bouteille pour atténuer le mauvais goût de l'eau qui à servi à les rincer. Un demi-litre est suffisant pour trois cent bouteilles; pour opérer plus vite et plus utilement, on verse toute cette quantité dans les premières bouteilles et on la renverse une fois qu'elle à suffisamment mouillé toutes les parois du verre dans la bouteille suivante et ainsi de suite. Cette méthode exige sans doute plus de temps et les sommeliers à façon ne pourraient y avoir recours, sans préjudice pour eux, s'ils n'étaient rémunérés en conséquence; mais le propriétaire du vin tiré avec ce soin trouverait une large compensation dans la qualité de son vin, s'il consentait à faire le petit sacrifice de la différence du prix du temps et de l'eau-de-vie.

Les cannelles de petites dimensions sont toujours préférables pour la mise en bouteilles ; leur bec d'écoulement doit être en rapport avec l'orifice du goulot de la bouteille, afin que l'air qui s'y trouve et que le liquide chasse puisse sortir sans effort, ce qui fait épancher le vin hors de la bouteille. Le jet de la cannelle doit être dirigé contre les parrois du verre, de façon à amortir le choc du vin contre lui-même, car il en résulte une agitation qui a pour effet de provoquer une fermentation plus ou moins sensible ; les maladies que les vins font en bou-bouteille, alors même que toutes les autres conditions ont été bien observées, n'ont souvent pas d'autres causes. S'il s'agit d'un vin de grande qualité et qu'on veut conserver longtemps, il faut redoubler de précaution : ouvrir très peu la cannelle, incliner plus encore la bouteille pour rendre le choc aussi doux que possible, sont autant de règles qu'il faut observer.

Lorsque le vin est mis en bouteilles, il faut l'empiler ; divers procédés sont en usage : le sable dont on recouvre les couches est suivi pour de petites quantités, mais ne peut servir à un grand nombre ; on se sert de lattes en bois pour séparer les couches que l'on superpose. On met les bouteilles dans des cases en bois qui sont fixées tout le long des murs des caves, ou bien encore, depuis quelques années, on emploie à cet objet des caisses en fer ou en bois où chaque bouteille peut être isolément placée ou déplacée. Ces casiers sont ouverts ou fermés, au gré de ceux qui veulent en faire usage ; ils sont d'un emploi aussi utile que commode, surtout lorsqu'on veut ranger dans un seul et petit espace plusieurs espèces ou qualités de vin. Selon leur caractère, on peut les placer près du sol ou à une certaine élévation; l'air entoure la bouteille de toutes parts, et le bouchon se trouve à l'abri de l'humidité et de la moisissure. Comme on peut les fermer à clé, on peut mettre les bouteilles de vin précieux à l'abri de l'indiscrétion ou de l'infidélité des personnes qu'on a le désir ou le besoin d'envoyer seules à la cave.

On goudronne le bouchon et la bague du goulot de la bouteille pour conserver le bouchon, et surtout pour reconnaître, par la variété des couleurs, les différentes sortes de vins qu'on a en cave. La plupart des consommateurs n'ont même gardé aucun souvenir de la provenance de ce liquide, qui s'est naturalisé chez eux par la couleur du cachet; il se produit même quelquefois des confusions assez singulières à Paris surtout, où les déménagements sont fréquents. Les caves, qui n'y sont pas en général dans toutes les bonnes conditions indiquées à leur chapitre, décomposent la couleur du goudron et rendent le signalement du bon vin assez difficile à reconnaître, à ce point qu'il arrive que le vin d'entremets va à la cuisine et que le petit vin d'ordinaire le remplace à la salle à manger.

ORDRE DE SERVICE DES VINS A TABLE

Brillat Savarin, l'admirable auteur de la *Physiologie du Goût*, a dit : les animaux se repaissent, l'homme mange, l'homme d'esprit seul sait manger. On pourrait dire encore avec plus de raison : les animaux s'abreuvent, l'homme boit, l'homme d'esprit seul sait boire. En effet, s'il est difficile de manger sans faim, on peut presque toujours boire sans soif ; on a même assez souvent l'occasion de boire sans soif, preuve évidente qu'il faut savoir boire.

Les vins, les liqueurs, la bière, sont, selon la coutume de divers pays, les principaux agents de l'hospitalité et très souvent les intermédiaires obligés de rencontres d'amitié ou d'affaires. Il est bon dans ce cas d'offrir des liquides du meilleur choix relatif, car le piège le plus désobligeant qu'on puisse tendre à autrui, c'est de l'inviter à dîner à la fortune du pot et à boire le vin du cru, toujours d'après Brillat Savarin, qui s'y connaissait. Inviter quelqu'un chez soi, c'est se charger de son bonheur pendant tout le temps qu'il reste sous votre toit, ou en terme plus exprès, c'est pour lui offrir à manger et à boire dans de meilleures conditions qu'il le fait ordinairement chez lui. Si dans ce cas la maîtresse de la maison doit surveiller la cuisine, le maître a pour devoir de choisir et d'ordonner les vins et les liqueurs.

Selon les usages, la succession des vins dans leur ordre de service varie d'après leur caractère généreux ou leur renommée particulière, ou encore le goût et la couleur qui leur sont propres ; mais la règle la plus hygiénique, qui est celle de Brillat Savarin, c'est de les consommer dans l'ordre des plus tempérés aux plus généreux et aux plus parfumés.

Les coutumes des grandes maisons, dont on consulte à cet égard plus volontiers les usages, consistent à offrir après le potage, du Xérès ou du Madère sec ; ces vins, très toniques, aident à l'assimilation de ce premier et aqueux aliment.

Avec les huitres, les hors-d'œuvres on offre du vin blanc de Bourgogne ou de Bordeaux, ou les deux simultanément et dans les meilleurs vins fins possible. Au premier service, le Bordeaux d'abord et le Bourgogne rouge ensuite ; ils devront être pris parmi les plus inférieurs qu'on se propose d'offrir. Entre le premier et le second service, on offre un verre de Madère, de vieux Cognac ou de Rhum, ou bien encore du Vermouth de première qualité, suivant le désir ou le goût des convives. C'est là ce qu'on appelle le coup du milieu. Au second service on offre alternativement du Bordeaux, du Bourgogne ou de l'Ermitage, mais de qualité dite de grands ordinaires aux entremets. Il faut offrir les vins dans l'ordre hygiénique ci-dessus, de toutes provenances, mais rouges. Au commencement du dessert, on doit présenter les vins à grande réputation des grands crus, de divers pays et de diverses couleurs, en commençant par les rouges. Le vin de Champagne Silléry frappé se sert le dernier des vins qu'on boit en mangeant. A défaut de glace et même de Silléry, on remplace par le meilleur Champagne mousseux dont on dispose pour terminer le repas et lorsque les convives s'attaquent aux pâtisseries sèches, on offre du vin de liqueur ; mais il serait plus prudent de n'en pas boire, car en cet état, cette nature de vin trouble la digestion sans aucune compensation, à moins cependant qu'on puisse offrir du Tokay, Constance, Schiraz, Chypre et leurs pareils.

Dans les repas où on n'offre pas ces vins riches de réputation, l'ordre se suit en offrant un verre de Xérès, Marsala ou Madère ordinaire après le potage; le vin blanc avec le poisson ou les hors-d'œuvre; le vin de Bordeaux, et à la suite le vin de Bourgogne, ordinaires rouges, pour le premier service; entre les deux services, le coup du milieu; au second service, du meilleur vin rouge; à l'entremets le vin fin, et au dessert le Champagne.

Pour servir ces liquides avec une certaine pompe, huit verres sont nécessaires : 1º le verre ordinaire à pied pour mouiller le vin; 2º le verre à Bordeaux ou à Bourgogne; 3º le verre à Madère, un peu plus petit que le dernier; 4º le verre vert pour le vin du Rhin; 5º la coupe en cristal brillant pour faire ressortir la belle couleur d'or du Johanisberg; 6º le verre allongé pour le Champagne mousseux; 7º la coupe pour le Champagne frappé, 8º et enfin le verre à liqueur.

Les verres à servir avec le couvert sont au nombre de trois : le grand verre à boire, le verre à Madère et le verre à Bordeaux ou Bourgogne. Au second service, on les enlève pour les remplacer par ceux qui sont destinés à contenir les vins désignés pour ce service.

Le maître de la maison doit veiller à ce que ses convives soient servis à leur goût et assez souvent pour qu'ils n'aient pas à désirer. La maîtresse doit veiller à ce que le café soit servi très chaud, presque bouillant.

QUANTITÉ D'ALCOOL CONTENU DANS LES VINS

La quantité d'alcool absolu ou pur contenue dans 100 parties de vin varie suivant la nature du raisin qui l'a produit, le climat sous lequel il a mûri et la température de l'année où il a été cueilli. Voici quelques indications prises dans le *Moniteur Vinicole* du 15 Juin 1865, qui dit les avoir puisées lui-même dans les annales du commerce extérieur :

Bagnols (Gard), pour 100 parties de vin. . .	17
Madère vieux et Grenache.	16
Collioure (Pyrénées-Orientales).	15
Jurançon (Basses-Pyrénées).	15,2
Beaune, Nuits et bon vin de Bourgogne. 11 à	11,5
Vins en bouteilles de la Société OEnophile. .	10,5
Vins de Châlons, Mâcon et Beaujolais.	10
Vin Westphalie.	10
Vin de Saumur.	10
Vin de Tronquoy-Lalande (Gironde).	9,9
Vin de Saint-Estèphe.	9,7
Vins communs du Midi.	09,7
Graves et Kirvan-Laroze.	9,7
Lalagune et Château-Latour.	9,3

Molshein (Allemagne)..	9,2
Malaga de Chypre..	15,1
Saint-Georges (Hérault)..	15
Sauterne blanc.	15
Rivesaltes (Pyrénées-Orientales)..	14,6
Jurançon rouge..	13,7
Podensac (Gironde)..	13,7
Vauvert (Gard).. . :	13,3
Gros vin du Midi.	13
Barsac (Gironde).	14,7
Côteaux d'Angers..	12,9
Bommes blanc (Gironde).	12,2
Vin du Rhin.	11,9
Ermitage rouge..	11,4
Chambertin Richebourg.	11,5
Cantenac, Piscours, Léoville.	9
Tokay (Hongrie).	9,1
Haut-Brion, Destournel, Bronne..	9
Château-Laffitte, Château-Margaux.. . . .	8,7
Vins du Cher..	8,7
Châtillon, près Paris..	7,5
Verrières (Seine-et-Oise).	6,2

On récolte des vins petits dans divers départements, qui ne rendent que 5 pour 100 d'alcool.

VENTES PUBLIQUES et MARCHÉS VINICOLES

Pratiquées au vignoble, les ventes publiques peuvent provoquer parmi les viticulteurs une émulation profitable à la qualité des vins, aux soins que leur fabrication nécessite, et aussi au bon choix des cépages. Le propriétaire-vigneron est naturellement enclin à suivre le chemin tracé par ses devanciers, et il faut que la lumière se fasse bien clairement sur ses intérêts pour lui faire accepter un changement quelconque dans ses habitudes. Il conteste assez volontiers la supériorité des produits de son voisin et n'est jamais disposé à tenir compte des nuances de qualité qui déterminent le choix des acheteurs. Dans ce cas, la concurrence qui s'établirait pour le mérite réciproque des produits d'un pays solliciterait l'intérêt du viticulteur et l'engagerait par contre à améliorer ses procédés de culture et de fabrication.

On a traité avec beaucoup de raison la création des marchés vinicoles; il serait bien désirable que cet appel fût entendu et que cette excellente idée fût mise en pratique. Quel avantage pour les producteurs et les acheteurs, quelles entraves pour la fraude qui n'oserait venir s'affirmer en public, presque certaine d'être découverte. Le négociant aurait l'avantage de pouvoir se départir d'une vigilance incessante et coûteuse, et les producteurs n'auraient pas le regret de voir leurs produits réellement supérieurs confondus dans l'appréciation générale de ceux de leur contrée. On ne se rend pas assez compte que, parmi les quinze cents vignobles que la France possède, une importante quantité d'excellents vins perdent leur véritable nom en améliorant celui des quinze ou vingt contrées dont la réputation s'est établie à leur préjudice. C'est là, je le crois, que chaque produit, apprécié au grand jour des enchères, bénéficierait de son nom et de ses qualités propres. Pourquoi ne se passerait-il pas pour les vins ce qui a lieu pour les eaux-de-vie aux marchés de Jarnac et de Cognac? Les producteurs portent leurs échantillons; les agents des maisons colossales de ce pays les dégustent avec soin; on est d'accord ou on ne l'est pas sur le prix; mais s'il se présente sur le marché un brûleur interlope, il est vite démasqué. Qu'en est-il résulté? C'est qu'on a pu se rendre un compte exact des bouilleurs honnêtes et de ceux qui ne l'étaient pas. Aussi le riche pays qui a vu un moment son ancienne renommée soupçonnée, a pu effacer une tâche passagère en repoussant de ses approvisionnements ceux qui avaient porté atteinte à sa réputation.

Si la vente publique est une bonne chose au vignoble, où la notoriété des producteurs et des produits est facile, il n'en est pas ainsi sur les marchés ou entrepôts éloignés. En effet, quels vins porte-t-on à la vente et quels acheteurs se présentent pour enchérir? Si la marchandise exposée est bonne, elle court la chance neuf fois sur dix de s'offrir en temps inopportun de subir une dépréciation intéressée et par conséquent d'être adjugée au-dessous de sa valeur réelle, toutes circonstances qui ne sont pas de nature à séduire le détenteur et à l'engager à recommencer. Si, au contraire, cette marchandise est douteuse comme provenance et comme qualité, le prix qu'elle atteindra sera si peu élevé que le plus délaissé des vignobles n'en voudrait expédier à ce prix.

Le vin n'est pas un produit semblable aux autres biens de la terre, qui conservent et affirment, où qu'ils soient transportés, leur nature et leur esprit particulier. Le vin, à part de rares exceptions, porte toujours avec lui ses causes morbides, qui se manifestent selon les saisons et les lieux qui ne lui sont pas favorables. Il est exposé à de très nombreuses causes d'altérations, qui se développent d'autant plus qu'on le prive des soins qui lui sont nécessaires. Si c'est dans un de ces moments qu'on l'expose à la vente, il n'est plus douteux que la valeur qu'il offrira ne soit inférieure à son mérite réel.

Je disais quels acheteurs se présentent; sont-ils bien sérieux? J'ai vu des ventes publiques volontaires où il y avait asssez de monde, mais pas d'acheteurs; j'en ai vu d'autres où des acheteurs commerçants se rendaient adjudicataires et se préoccupaient plus du bas prix que du mérite de la marchandise; mais un consommateur, jamais; le lotissement est d'abord toujours trop fort pour lui, et il n'a pas assez confiance dans son appréciation pour acheter au hasard. Or, comme c'est, en définitive, l'acheteur en dernier ressort, il est bon de tenir compte de son intervention.

Je conclus et j'affirme que la vente publique au vignoble, pratiquée au moment où le produit et la qualité de la récolte sont connus, serait une utile et excellente innovation ; que la vente à l'enchère sur les places commerciales est sans avantage ; que ce mode d'écoulement peut favoriser la fraude, attendu que, dans une vente publique, chaque acquéreur est sensé avoir reconnu le mérite de la chose adjugée, et que par conséquent le coupable des manœuvres frauduleuses échappe à toute responsabilité ; qu'enfin, les prix des ventes portent, pour toutes ces causes, un préjudice notable par leur infériorité aux prix notoires ; que la production et le commerce cotent les vins de la qualité desquels leur honorabilité et leur réputation répondent.

Il ne suffit pas d'indiquer ou même de trouver un moyen de favoriser l'écoulement des produits ; car si cet écoulement n'est pas rémunérateur pour le détenteur, à quel titre qu'il le soit, ce procédé ne peut subsister qu'à l'état comminatoire.

LA CHAUX SULFUREUSE ANIMALISÉE

Les journaux de la Charente-Inférieure et ceux des départements voisins entretiennent leurs lecteurs d'une importante découverte. D'après son auteur, il n'y aurait plus lieu de redouter à l'avenir ces terribles fléaux qui ont tant de fois dévasté nos vignes et nos champs de betteraves, ici sous le nom de ver gris, là sous celui d'oïdium.

La chaux sulfureuse animalisée de M. Bossy, d'après l'analyse de M. Bobierre, est un engrais mixte fabriqué à l'aide de viandes et de matières minérales, et dans la composition duquel il entre également une certaine quantité de matières alcalines et antiseptique. Parmi ces dernières figure, croyons-nous, le soufre et le sel marin.

A l'époque du rechaussage des vignes et du repiquage des betteraves, on enfouit la chaux sulfureuse animalisée comme on le ferait de la poudrette et du guano. Cette matière sert à la fois d'engrais et de préservatif de maladie pour les végétaux.

Voici, du reste, la théorie sur laquelle est basée la découverte de M. Bossy et que nous empruntons à sa notice :

Les cultivateurs qui ont fréquenté nos écoles d'agriculture, dit M. Bossy, savent que les végétaux vivent aux dépens de l'air et du sol. Par ses feuilles, qui sont ses organes respiratoires, la plante emprunte à l'air les éléments nécessaires à l'entretien de sa respiration, et par les épongioles terminales de ses racines, elles aspire les liquides et les éléments gazeux qui conconrent à sa nutrition et servent à constituer sa sève.

Si l'air est vicié ou si le sol ne contient pas la nourriture spéciale réclamée par la plante, ce végétal demeure à l'état d'embryon, ou, s'il vit, il finit bientôt par s'étioler et périr.

De là , l'utilité des engrais destinés à restituer à la terre les principes nutritifs enlevés chaque année par les récoltes.

De là aussi la nécessité d'un antiseptique destiné à assainir la couche atmosphérique respirée par les plantes.

Manque de nourriture, insalubrité de l'atmosphère, telles sont les causes de la plupart des maladies qui atteignent les végétaux, et dont les efflorescences criptogamiques ne sont que les premiers symptômes.

Sans avoir la prétention de faire la guerre aux idées courantes, ni de passer pour un savant, nous croyons, avec M. Bossy, que beaucoup d'épidémies agissent sur le règne végétal de la même façon que celles qui affligent notre propre humanité. Dans l'un comme dans l'autre règne, les sujets qui succombent sont toujours ceux qui sont le plus mal nourris ou qui respirent l'air le plus malsain. C'est donc à l'amélioration du régime alimentaire et à l'assainissement de l'atmosphère locale qu'il paraît logique de demander, sinon le remède, du moins le préservatif des épidémies.

La chaux sulfureuse animalisée remplit-elle ce double but à l'égard des végétaux ? Nous avons tout lieu de le penser, d'après les expériences qui ont été faites. Dans tous les cas, cette matière nous paraît être un très bon engrais pour la vigne, et nous ne saurions trop engager les viticulteurs à en essayer.

COURTIERS, GOURMETS, PIQUEURS DE VIN ET EAUX-DE-VIE

Près l'Entrepôt et les Ports, à Paris.

Le nombre est limité à 50.

Syndic, Hemmel-Burcar, quai d'Anjou, 23 ; Allary, boulevard Beaumarchais, 70 ; Ancelin-Rouillon, quai de Béthume, 20 ; Aubertin, Es. Boutarel, 7 ; Baudry, rue Liégat, 22, à Ivry-sur-Seine ; Béjot (E.-P.), Cardinal-Lemoine, 7 ; Blanols et Griffe, rue Tournelle, 79 ; Boulat, rue Cérisaie, 23 ; Champion (A.), Port-de-Bercy, 1 ; Corbrion (V.), rue Rivoli, 20 ; Cottin, rue Rivoli, 26 ; Courtin aîné, boulevard Beaumarchais, 78 ; Courtin (Adolphe), Sions-Saint-Paul, 9 ; Courtin (Charles), pont Louis-Philippe, 3 ; Delalonde (Ed.), place Royale, 16 ; Depaquit, boulevard Beaumarchais, 84 ; Devaux, boulevard de la Rapée, 4 ; Galibert, rue Echiquier, 10 ; Guenebaud, rue Fossés-Saint-Victor, 47 ; Guyonnet (Paul), boulevard Beaumarchais, 14, et à Bercy-Port, 28 ; Hemmet, place Royale, 26 ; Hollier, rue Cardinal-Lemoine, 2 ; Hugé, rue Culture Sainte-Catherine, 50 ; Lablanche aîné, boulevard Beaumarchais, 7 ; Labruyère, boulevard Beaumarchais, 32 ; Lacroix (Charles), Port-de-Bercy, 27 ; Lecuyer (H.), Filles du Calvaire, 8 ; Loreau (Auguste), rue Boutarel, 1 ; Loron (P.-P.), quai de Bercy, 69 ; Luquet, boulevard Beaumarchais, 70 ; Lyon, rue Soufflot, 3 ; Malvin (Théo-

phile), rue Boulangers, 17 ; Mélinond, rue Saint-Louis
en Lille, 29 ; Minachon fils, rue Saint-Paul, 8 ; Pailliard,
boulevard Bourdon, 17 ; Pelletan, quai Bourbon, 23 ;
Revillon, quai des Ormes, 62 ; Truchy, Fossés Saint-
Victor, 34 ; Bureau, à l'Entrepôt, 37 ; Viallet, quai des
Célestins, 16 ; Bureau, à Bercy-Port, 12.

Courtiers en Vins.

Allion, rue Villiot, 14 ; Aubry aîné, rue Saint-
Antoine, 100 ; Barade (Ch.), port-de-Bercy, 12 ; Bertrand
Bazan, Fossés Saint-Victor, 9 ; Bonnet, rue Saint-
Louis-en-Lille, 27 ; Bourbier, Port-de-Bercy, 10 ; Ca-
chet, Port-de-Bercy, 17, et rue de Bordeaux, 14 ; Charin
et Melnian, Port-de-Bercy, 28 ; Cinquin, Port-de-
Bercy, 47 ; Copin, rue Boutarel, 10 ; Courtin aîné, Port-
de-Bercy, 27 ; Delore (E.), grande rue de Bercy, 78 ;
Dunin, Port-de-Bercy, 16 ; Gillet, Port-de-Bercy, 28 ;
Gireaux, Port-de-Bercy, 4 ; Grandjean, Port-de-Bercy, 16 ;
Hemmet, Port-de-Bercy, 28 ; Lablanche aîné et H. Julien,
Port-de-Bercy, 28 ; Labruyère et Revillon, Port-de-
Bercy, 28 ; L'Ange (Ed.), Port-de-Bercy, 28 ; Lary, Port-
de-Bercy, 28 ; Laraune (C.), Port-de-Bercy, 8 ; Le-
cuyer (Hipp.), Port-de-Bercy, 20 ; Lemay, quai des
Ormes, 10 ; Leroy, Port-de-Bercy, 15 ; Lombard, Port-
de-Bercy, 14 ; Loreau, Port-de-Bercy, 12 ; Luquet
père et fils, Port-de-Bercy, 31 ; Marquié, Gallois-
Bercy, 15 ; Martin, rue Boutarel, 8 ; Michel, Port-de-

Bercy, 11 ; Mocquot (E.), Port-de-Bercy, 17, domicile, boulevard Beaumarchais, 15 ; Pessot, place Royale, 2 ; Pessot jeune, Port-de-Bercy, 28 ; Piat fils, Port-de-Bercy, 17 ; Prieur, Port-de-Bercy, 11 ; Quernel, quai des Ormes, 10 ; Rollet, Port-de-Bercy, 17 ; Soudée et Robert, Port-de-Bercy, 12.

Courtiers des Départements.

Aɪɴ. Bourg. Me Legrand, Louis Court et Camionge.

Aɪsɴᴇ. Saint-Quentin. Cartier-Legrand, Delcourt (Louis), Lemaire (Edouard) fils, Vezin, liquides et savons.

Aʟᴘᴇs Mᴀʀɪᴛɪᴍᴇs. Nice. Baynus et Janberty, comme expéditeurs ; formalités en douane, transit et commission.

Gʀᴀssᴇ. Jusbert, Spitalier.

Aʀɪᴇɢᴇ. Foix. Capdeville (Charles) et Compe, société ariégeoise, transit, consignation et roulage.

Aᴜʙᴇ. Troyes. Buxtorf aîné, Figeau, Massey, Gay, Michel, Morel, Payen, Massu, Pinguet-Lutel, Pinguet-Mailly, Relin, B. Bougé.

Aʀᴄɪs-sᴜʀ-Aᴜʙᴇ. Mauvouraut, Mugot.

Aᴜᴅᴇ. Narbonne. Barbaza (Pierre), Bazille et Castelnaud, Bernard (François), Bouis, Bouniol, Bourgeois, Calmettes (Auguste), Causse (François), Darnis (Emile), Decompe (Emmanuel), de Stadieux (Charles), Fil (François), Despujol (aîné), Garric (Gabriel), Lapauge, Marty et Parazols, Morin (Jean) et Guraud, Poussine père ;

vins 3/6, maison à Paris, rue Malher, 10 ; Roussel (J.), Razier père et fils, Vié (J.) aîné, Vié (Urbain), Vié (Anduze), Raynal.

AVEYRON. Rodez. Froisse fils, Richard ; commission et consignation.

SAINT-AFRIQUE. Valles.

BOUCHES-DU-RHÔNE. Marseille. Amouroux (B.), rue Paradis, 2 ; André, boulevard Longchamp, 19 ; Ordoïno, rue Paradis, 6 ; Arnal, rue Vacon, 47 ; Autran, cours Bonaparte, 69 ; Baccuet, rue Paradis, 7 ; Balliste, rue Vacou, 58 ; Barban, cours du Chapitre ; Barry, rue des Abeilles, 3 ; Bayols, cours Devilliers, 7 ; Baudouin, place des Capucines, 4 ; Berger, boulevard Longchamp, 88 ; Bernard, rue Paradis, 12 ; Berniaud, rue de la Paix, 12 ; Bouissons, rue Paradis, 9 ; Calvo, place Royale, 8 ; Carneau, rue Fougate, 19 ; Caune, boulevard Dugommier, 4 ; Décugis, rue Sylvabelle, 35 ; Duroun, rue Montgrand, 3 ; Dupheix, rue Breteuil, 37 ; Faucon, rue Suffru, 8 ; Ferand, rue Retonde, 35 ; Frisoh, rue Saint-Jacques, 34 ; Gayet, rue Paradis, 1 ; Hamaouy, rue Paradis, 37 ; Julien, rue Pavillon, 29 ; L'Abadie, rue du Coq, 34 ; Lientie, rue Bauveau, 5 ; Marseille, rue Curial, 36 ; Morro, rue Suffru, 6 ; Moureu, rue Paradis, 5 ; Nathan, rue Paradis, 1 ; Pascal, rue Paradis, 6 ; Robert, rue Canebière, 29 ; Routier, rue Dragon, 37 ; Sans, rue Vacon, 50 ; Tardif, rue Vacon, 49 ; Vaisse, rue Paradis, 1.

CALVADOS. Caen. Ed. Breville, Choquet frère aîné.

Lisieux. Sébire (Ernest), Grouchou (Charles).

Charente. Angoulême. Brout-Perrin (Victor), Forêt, de Bousans, Gaury (Jean), Remy-Léger.

Cognac. Bellet (Jules), Beyerman (J.-Fr.), Robin Costirgue et Comp^e, Sebillard jeune.

Charente-Inférieure. La Rochelle. Admirault (Gabriel), Babin (A.), Basset (B.), Bernard (Gr.), Champion (E.), Chatonet jeune fils, Conié et Martin, Delmas, Dupont (Ch.), Carreau (G.), Grellet, Du Pierret, Grobot, Huos, Jules, Hivert, Pelevoisie, Menaud fils, Mounier (Hippolyte), Narquet, (P.), Mais, à la Javire; Personneau, Guibert et Vincent; vins, maison à Londres; Potier, Saignette et Paul Montun, maison à Seignette; Renaud (Alfred), Riviore (Charles), Romieux (Gaston), Saignette fils, Tournade (J.).

Rochefort. Ayrand (Evariste), Bouny (Pierre), comptoir à Tonnay (Charente); Bonneau (A.), Brillouin Giraud et Comp^e, Gros (J.), Julien (Jules), Pillot, Pluncegeau, Roussel.

Cher. Bourges. Bressy (Henri), Buthaud frères.

Corse. Ajaccio. Nier (L.-N.), Costa, Noceto, Vicciani.

Côte-d'Or. Dijon. Artaux, Beraud, Gaillard, Dubard père et fils, Samuel (J.), Clément et Daguet.

Chalons-sur-Seine. Monin, Derbetaut.

Côtes-du-Nord. Saint-Brieux. Mahonet, Sebert aîné.

Doubs. Besançon. Barthoulot, Dufour, Hauteville, Masqua, Masson, Battaut, Manne (Abel), Picot (Camille).

GARD. Nîmes. Aubert, Chauvidan, Dombre, Duplan père et fils, Escarguel, Domergue, Chabert, Julian.

GIRONDE. Bordeaux. Miailhe, Perrens, rue Treille, 22; Pedesclaux (E.), passage des Chartrons, 11; Tastet (Auguste), quai des Chartrons; Merman, pour les vins, Pavé des Chartreux, 39; Dubosc (Stanislas, rue Notre-Dame, 152; Lawton, quai des Chartrons, 60; Ansas (J.-J.), quai dés Chartrons, 25.

BLAYE. Fonteneau, Lalande fils, Gervais (J.-V.), Lalande (J.-B.), Baguenard, Nicolas, Imbert, Clauzel, Libourne, Aymen, Dumont jeune, Fridefond fils, Vaché, Nadal jeune, Morange.

LA RÉOLE. Jouhonneau, Richet fils.

HÉRAULT. Montpellier. Arnaud (Frédéric), Balestrié (Charles), Bazille et Castelnaud, Bedos, Lacrut, Blauquier fils et Westphal, Bonniol Cousin, Brim (Edmond), Cabril et Bronzet, Chassefière (la), Claris (Eugène), Comy (Pierre), Coquinet (Léon), Costes (Henri), Dalbis et Humberg, Daucan fils, Delanquine, Deleuze (J.-B.), Durand (Joseph), Fabreguettes, Fabreguettes jeune, Galibert, Gay (A.), Guizard, Romiol, Julien (Auguste), Haëter, Mas fils, Maurin (Prosper), Négre et Michel, Parlier et Bestion, Rey et Roger (A.), Roucairol (Alfred), Spotorno, Deandais, Van, Matdère, Arnaud (Frédéric), Blouquier (G.), Constans fils, Lapeyre, Guet et Peyre, Rousset, Pagés.

BÉZIERS. Bonestève (J.), Cazelles, Flourens, Porçon, Escande (J.-A.), Rouanet (Charles).

Ille-et-Vilaine. Rennes. Bagot, Bertrand, Bonard neveu et Oger, Pichard aîné, Pinault, Brissoir, Porteu frère, Ramet, Richelot fils, Teyssot (A.).

Jura. Lons-le-Saulnier. Benoît, Cornu (H.), Didier et Compe, Prost fils et Compe.

Landes. Mont-de-Marsan. Baron (Stanislas), Durou frère, Gaxié fils aîné, Gaxié (Auguste), Laburthe (Clément, Lacroix (Mathieu), Lalane, Lesbazeille (V.), Palu, Sabathé, Sourbets (Joseph), Tartas (Joseph), Tastes fils.

Loire. Saint-Etienne. Batlofet, Barras aîné, Benassy, rue des Rives, 6; Besserve, rue Walbenoit, 17; Bouilloud, rue de l'Epreuve, 14; Buy et Bertrand Chaillot, rue de l'Epreuve, 11; Chazette, place Polignais, Chenet jeune, Cote et Courtois, rue de Saint-Chomost, 2; Frappe, rue de Rouen, 8; Garnier (J.), à Bérard, Jacquet, à Bérard; Lagrange, Lyonnet, Guchard, rue de Creuse, 6.

Loire-Inférieure. Nantes. Allard, avenue de Launay, 2; Baudot fils, place Royale, 1; Caffin, quai de la Fosse, 36; Dejoie, place de l'Entrepôt, 2; Fourmy, rue Saint-Vincent, 3; Galibert-Chastenet, place Saint-Vincent, 5; Huguenin, quai Tanneur, 22; Joubert, place Saint-Pierre, 6; Lalemant, quai de l'Hôpital, 10; Maillard, rue Porte-Neuve, 16; Nerrière (Charles), quai de l'Ile-Gloriette, 11; Ogereau fils, chaussée de la Madelaine, 15; Paradis, rue Cossart, 4; Rabier, rue Moquechien, 10; Saillant fils, à Pont-Rousseau.

LOIRET. Orléans. Bardou fils, Chouteau (A.-P.). Crosnier, Marchand, Duveau (L.), Lefèvre (J.-L.), Laveau (P. A.), Moraval, Ouvré, Pitou, Riballier.

LOT. Cahors. Cayla (veuve), Combarieu et la Biche.

LOT-ET-GARONNE. Agen. Belvèze (Eugène), Fricout, Péchebadon, Soubies jeune.

MAINE-ET-LOIRE. Angers. Boivin frères, Futerand (Auguste), Gautron frères, Lebatteux (Charles), Saillant (H.), Vaillant, Vinay, Vinay (Gustave), Vincent.

MANCHE. Saint-Lô. Le Landais, Sebire, Fromond.

MARNE. Châlons. Aubertin et Comp^e, Benjamin et Perrier, Bellois, Oudin, Bouquemont (Adolphe), Bourdon, Dutillieu, Fequant et Dudez, Lequeux, Lurot, Orban-Reyn, Pithois-Bertin, Rollet-Colombe, Soudant-Rollet.

MARNE. Reims. Aubert, Lache, Benoist, Guelon père et fils, Cliquot (Eugène), Farre (Ch.), Gondelle (E.), Goulet, Guérin (Jobard), David, Leblanc (Ant.), Moreau, Lefèvre, Petit fils.

MAYENCE. Laval. Baudouin (Ch.), Foucher (Hyp.), Huchet, Legalois, Marçais-Paty, Outin-Bry, Peloux.

MEURTHE. Nancy. Blavier (Louis), Brieusselle et Choulun, Choffanal et Comp^e, Gardeuil, Didelot, Gebhart, Voisin, Gille-Theret, Henryon, Barbazan, Lhuilier (Justin), Marchand, Meyer (G.), Ploguère (Napoléon), Royer, Thyery père et fils, Voirin fils, Wolff.

MEUSE. Bar-le-Duc. Barbier (Laurent), Boinette, Maunas, Michel, Schelaine, Rouyer, Maugin.

MOSELLE. Metz. Aubertin (Jules), Beer (Ch.), Blanc-pied, Cabirol, Carré fils, Colchen (Victor), Colignon-Gaglais, Mechetay, Neumam, Palseul, Pierron, Salmon, Salvan (aîné), Vautier, Pemette fils.

NIÈVRE. Nevers. Andrillard, Boullet et Comp^e, Brisset, Constant (jeune), Perseigle, Reboulin, Gallois, Saute-rave.

NORD. Lille. Bécheret, rue Esquermoise, 44 ; Decarpantir (Adolphe), place Marie, 27 ; Deleceuilleru, rue Prez, 6 ; Duquermois, rue de Lille, 28 ; Gayant, Cour-Debout, 18 ; Hennion, allée du Vacher, 14 ; Noël (Justin), rue Sabot, 4 ; Nostelle, rue Masurel, 21.

NORD. Douai. Boulanger, Crépin frères, Delara, Dubourg, Houcke-Nowels, Rivière, Robaut.

DUNKERQUE. Debuyser, Deblock, Lemaître-Durez.

VALENCIENNES. Bouillez (Fr.), Cloet (Louis), Deladerrière, Gagneux, Laleman (J.), Laneluc, Laurant.

PAS-DE-CALAIS. Arras. Advielle fils, Cordonnier, Salner, Dehée-Cayet, Delaplanque, Godard, Goubet-Pitit.

PUY-DE-DÔME. Clermont-Ferrant. Baradue-Nounier, Barbarin (Joseph), Berger (Hippolyte), Boyer, Quinsat, Chocot, Estelle Parisse, Lemaziers et Fargex, Reyne aîné.

PYRÉNÉES-ORIENTALES. Perpignan. Artus (Pierre), Baille, Durand (Fr.).

RIVESALTES. M. Fraixe qui se charge de donner tous les renseignements et d'accompagner les négociants dans les meilleurs crus du pays Roussillon.

BAS-RHIN. Strasbourg. Baccosacru frère, Comte, Delaporte (Félix), Diétrech (Fr.), Hotterman, Ch. Heim, Kectz, Selet, Kichff (A.), Popp (G.), Zeyssolfs (Fr.).

RHIN (HAUT). Colmar. Brenhord (B.), Doll (Fr.), Monnier (Pierre), Rohr (A.), Saner (J.), Siegwalt et Carrigueux.

MULHOUSE. Dreyfus, Manbendie-Nieg fils, Miquey (Et.), Piercey (J.-P.), Roessinger (A.), Ruef (David).

RHÔNE. Lyon. Duffer (François), Rousset, rue Castellane, 28 ; Gagnieux, de Meaux, place Louis-le-Grand, 16 ; Grand, Farmant, rue Penthierrue, 16 ; Mayet fils aîné et Comp^e, rue Pizay, 22 ; Roy et Comp^e, rue de l'Epée, 8 ; Guillotin.

SAÔNE (HAUTE). Vesoul. Faivre, Groffot aîné, Guillomot, Robard fils.

GRAY. Mouginot (Joseph), Siblot (A.), Lambert, Stévance.

SAÔNE-ET-LOIRE. Mâcon. Chalandon-Teyros, Delaure fils, Ferret frères, Gaillard (François), Leguichard, Plumet (J.-P.), Protat.

SARTHE. Le Mans. Caillon, Chopelin-Guitit, David-Edrad, Denis, Huet, Gaudard, Hamme-Ernault, Legouais-Gahicet, Landau, Poté, Raymond et Thiennet, Refray, Robine-Lubois, Rouzé (Pierre).

SAVOIE. Chambéry. Chabaud frères.

SEINE-ET-OISE. Versailles. Barrui-Peraut, Balvay, Blanchard, Chevreux, Marchand, Marc jeune.

SEINE-INFÉRIEURE. Rouen. Amelot, rue Herbien, 15 ; Anquetil, rue Lafayette, 75 ; Berthaume (Louis), rue Saint-Denis, 14 ; Bourdin, rue du Nord, 2 ; Clérot (Henry), rue du Vieux-Palais, 23 ; Coulon, boulevard Cochoire, 17 ; David (Paul), rue Impériale, 41 ; Dumesnil, rue Le Notre, 14 ; Esclavy, quai du Havre, 19 ; Fabulet, place St-Sever, 12 ; Genot père, rue St-Vincent, 11 ; Huet et Genet, quai de la Bourse, 10 ; Leroy-They, rue Bouvrel, 12.

DEUX-SÈVRES. Niort. David, Faubert fils, Garday, Charrice, Moinier, Vincent Porger.

SOMME. Amiens. Abraham, Herbet, Baunart, Bauquet-Vilaive, Faussé-Sauval, Marchand-D'Arros, Riquier-Ramonet, Vallet-Varret.

DOULENS. Cagé, Dusevel, Duvanchel, Horgard.

TARN-ET-GARONNE. Montauban. Armandon, Bennais, Laforgue aîné, Martin (J.-P), Dechsli.

VENDÉE. Napoléon-Vendée. Berniés, Deramé, Havard, Marion-Peret.

VIENNE. Poitiers. Amirault fils aîné, Bardoux, Barier et Robin-Médard, Chataignon, Amirault, Robert (Charles), Romand frères, Robin et Decle.

CHATELLERAULT. Fortin et Comp^e, Olivier Grandin, Richard (Ph.), Vernodé et fils.

VIENNE (HAUTE). Limoges. Bobin (F.), Bonnet-Roche, Baydron, Champcommunal (F.), Gandois et Tardy.

VOSGES. Epinal. Aubertin, Bouchard-Bonnet, Georges, Gougon et Dubois, Kuoderer, Roussel.

YONNE. Auxerre. Martin-Latour, Denoach, Lefèvre, Boivin, Commeau, Bertaud-Sonoret, Cocquinot, Gouffler (Fr.), Just Maurinot, Jacob, Perrette, Plait fils, gendre de Lagrange.

LE VINAGE

Nos lecteurs connaissent les généreux efforts de l'union des agriculteurs, distillateurs, pour obtenir le droit de viner les vins et toutes les boissons à l'usage des classes laborieuses.

M. Pluchet, président de la chambre syndicale des agriculteurs distillateurs, avait présenté au Sénat une pétition à l'effet d'obtenir le vinage au prix réduit de 20 fr. par hectolitre d'alcool employé. La demande de Me Pluchet a été repoussée par un ordre du jour.

Après cet échec devant le Sénat, un grand nombre des personnes qui entourent la question du vinage de leurs plus chaudes sympathies, en raison de l'intérêt qu'elles portent aux masses laborieuses et particulièrement aux classes ouvrières de la campagne, demandent si la question du vinage n'est pas désormais perdue sans espoir.

La Providence à placé entre l'homme et l'avenir un voile impénétrable. Aussi nul ne peut dire d'avance ce qui arrivera ; les solutions les plus imprévues surgissent parfois des événements et de la force des choses.

Sans rien préjuger, il est permis d'espérer que la question du vinage sera l'objet d'un examen sérieux dans les hautes régions gouvernementales.

Il ne faut pas voir dans la faculté accordée à tous les départements sans exception de viner les boissons telles que le vin et le cidre seulement, un débouché également ouvert aux alcools du nord et du midi ; il faut monter plus haut et considérer les causes réelles du malaise dont se plaint l'agriculture française. Il ne faut pas attendre de l'enquête ouverte sur les souffrances de l'agriculture des moyens immédiats de relever le prix des denrées agricoles ; il est plus sage d'en opérer des mesures qui permettront de produire à plus bas prix.

Mais pour produire à plus bas prix le blé et les substances indispensables de l'alimentation publique, il faut mettre un terme au renchérissement de la main-d'œuvre ; et comment y parvenir, si l'on ne fait rien pour retenir aux champs l'ouvrier agricole qui abandonne volontiers son village pour chercher du travail à la ville, où il est mieux payé et surtout mieux nourri.

Quand on songe que la plupart des ouvriers de la campagne ne consomment pour toute boisson que de l'eau, et dans quelques contrées de la bière sûre ou du cidre avarié et malsain, tandis que le petit nombre des plus favorisés peut boire à peine un peu de vin, on ne doit pas être surpris de la dépopulation des campagnes.

Lorsque les départements méridionaux de la France peuvent vendre au prix de 5 et 6 fr. l'hectolitre d'immenses quantités de vin qui assureraient la santé, la vigueur et le bien-être des travailleurs, on se prend à regretter que ce vin ne puisse parvenir jusqu'à la table du modeste ouvrier des champs. Hélas ! non, ce vin ne peut pas monter du midi au nord. Quoique bon et généreux, il ne peut voyager sans altération, ni se conserver ; il manque d'un principe conservateur, c'est l'alcool.

Alcoolisez-le, vinez-le donc, s'écrie-ton de toute part? C'est juste ; mais pour viner ce vin, il faut acquitter au trésor un droit de 100 fr. par hectolitre d'alcool employés au vinage.

Or, si pour viner on ajoute au vin trois pour cent d'alcool on en élève le prix : 1° de la valeur de l'alcool ajouté, qui à 50 cent. le litre, soit pour trois litres, représente 1 fr. 50 cent.; 2° du droit de 100 fr. qui pèse sur l'alcool et pour trois litres ; coût 3 fr., total du droit de vinage 4 fr. 50 cent.

Comment admettre qu'un vin qui coûte chez le propriétaire de 5 à 6 fr. l'hectolitre, puisse acquitter 4 fr. 50 c. de frais de vinage et subir de ce chef une augmentation de quatre-vingt-dix pour cent sur son prix d'achat?

Le vin viné dans ces conditions revient dans le département de la zone de Paris au chiffre suivant :

Prix d'achat d'un hectolitre de vin. . . .	6 fr.
Vinage à 3 p. %, alcool et droits compris.	4 fr. 50 c.
Transport en gare.	6 fr.
Futaille..	5 fr.
Droits de circulation.	1 fr. 50 c.
TOTAL.	23 fr. 00 c.

Ce prix de 23 fr. est trop élevé pour le consommateur pauvre qui vit du prix de la journée de son travail ; aussi est-il obligé de s'en priver.

Si l'ouvrier se prive, la consommation languit, et si la consommation est entravée, paralysée, les produits ne trouvent pas un écoulement suffisant et la viticulture souffre comme l'agriculture générale du pays.

Le propriétaire et le vigneron sont pour ainsi dire obligés de maudire l'abondance de la récolte et de considérer comme un malheur les bienfaits et les dons de la Providence.

Ainsi, pléthore et souffrance dans les pays viticoles du midi ; pénurie, privations et souffrances parmi les classes laborieuses du nord, privées des bienfaits d'une boisson hygiénique et fortifiante.

Abondance et misère à l'extrémité des limites du même pays ; malaise partout, alors qu'il serait si facile de répandre sur toute la surface de l'empire l'abondance, la richesse et la satisfaction, en favorisant la répartition des produits de la vigne. Qu'on y réfléchisse bien, l'ouvrier agricole abandonnera le travail des champs lorsqu'il n'y trouvera pas une nourriture meilleure, et son régime alimentaire ne peut être amélioré qu'à la condition d'y introduire l'usage du vin ou du cidre fortifié par le vinage.

Le vinage du vin et du cidre, au droit de 20 fr. par hectolitre d'alcool employé, rend accessible à tous les départements de France le prix des vins de plaine du Midi. Quel immense débouché ouvert à l'intérieur du pays à ces vins qui n'ont d'autre écoulement que la chaudière pour être transformés en 3/6, au grand préjudice du vigneron et au détriment du bien-être général !

Le vinage, améliorant le régime alimentaire et le sort de l'ouvrier des campagnes, opposera à leur dépopulation une digue d'autant plus puissante qu'elle ne sera imposée que par le bien-être et sans contrainte.

C'est donc au point de vue des souffrances de la viticulture et du bien-être général des populations agricoles qu'il faut envisager la question du vinage.

Considéré sous cet aspect, le vinage ne peut manquer de fixer l'attention sérieuse des pouvoirs publics, et nous nourrissons l'espoir de voir triompher cette cause qui intéresse les classes peu aisées et pour aider au soulagement des souffrances de l'agriculture.

JURISPRUDENCE COMMERCIALE

—

Chemin de Fer, transports de Vins, congélation des Liquides, manque de soins, responsabilité, dommages-intérêts.

On nous communique un arrêt rendu par la Cour impériale de Nancy, le 6 décembre 1865, entre M. Henrion, négociant à Nancy, et la compagnie du chemin de fer de l'Est.

Nous mettons sous les yeux de nos lecteurs une mince partie de cet arrêt, qui offre un grand intérêt pour le commerce des vins, et dont le texte suffit pour l'explication des faits.

En ce qui touche la demande de 1,625 fr. de dommages-intérêts pour dépréciation de marchandises atteintes par la gelée :

« Attendu que, quelles que soient les conditions dans lesquelles ait été effectué le transport des quarante-huit fûts de vin appartenant à Henrion, il est constant que ces marchandises étaient arrivées à Nancy sans avaries notables, savoir : trente-huit fûts le 8 et dix fûts le 9 février 1865, avant que la température se fût assez fortement abaissée pour produire la congélation des vins ; que le mal dont se plaint Henrion n'a commencé à se produire que dans la soirée du 10 février, que c'est dans l'intervalle de ce jour au 13 de ce mois, date du

13

retrait opéré par Henrion, que les 48 fûts de vin litigieux ont été congélés ; que la question du procès se réduit donc à savoir si le préjudice résultant de l'altération produite par la gelée doit être attribué à une faute dont la compagnie de l'Est soit responsable, ou si, au contraire, Henrion ne pourrait l'imputer qu'à sa propre négligence, à défaut par lui d'avoir retiré ses marchandises avant qu'elles subissent l'action de la gelée ou d'avoir pris les précautions nécessaires pour les en préserver ;

» Attendu qu'à partir de l'arrivée des marchandises à Nancy, et jusqu'au retrait opéré par le destinataire, la compagnie était un véritable dépositaire, et à ce titre tenue de prendre toutes les précautions nécessaires pour la conservation des marchandises qui séjournent à la gare dans la mesure des moyens dont elle doit réglementairement disposer ;

» Attendu qu'il importe peu que ces marchandises aient voyagé suivant un tarif élevé ou réduit ; que cette circonstance ne peut diminuer en rien la responsabilité de la compagnie, laquelle n'en doit pas moins donner tous ses soins pour prévenir les accidents et les avaries ; que ses obligations sont même d'autant plus étroites que la compagnie est un dépositaire nécessaire et salarié, puisqu'elle perçoit des frais de déchargement, des frais de gare à l'arrivée et des droits de magasinage pour les marchandises que le destinataire ne retire pas lorsqu'il a été mis en mesure de le faire ;

» Attendu que Henrion, de son côté, n'avait rien à faire, soit pour retirer ses vins, soit pour les préserver des atteintes du froid tant qu'il n'avait pas été mis en demeure d'en opérer le retirement. Or, il résulte des faits et documents de la cause que c'est seulement le 12 février, à huit heures du matin, un dimanche, que Henrion a reçu l'avis officiel et efficace de l'arrivée et du déchargement de ses vins, et il est certain qu'à raison de la fermeture de la gare (petite vitesse) le dimanche à midi, et des formalités à remplir préalablement vis-à-vis de la régie, il a été impossible à Henrion de faire enlever avant la journée du 13 la quantité considérable de 48 gros fûts de vins ;

» Attendu qu'il résulte de l'expertise que ces 48 fûts ont tous été atteints de la gelée et congelés à un degré suffisant pour leur faire perdre une partie notable de leur valeur, perte que les experts ont unanimement évaluée à 6 fr. par hectolitre ;

» Attendu que la gelée ne pourrait être considérée comme un accident de force majeure, dégageant la responsabilité de la compagnie qu'autant qu'elle aurait atteint un degré suffisant d'intensité tel qu'il eût été impossible de préserver les marchandises de son action délétère ;

» Attendu qu'il n'est pas douteux qu'en faisant décharger les vins dont il s'agit avant le 10 février, ce qui était facile, puisqu'ils étaient arrivés dès le 8 et le 9 en les faisant placer sous des hangars et couvrir de bâches, la compagnie de l'Est pouvait les préserver des atteintes du froid et prévenir la détérioration dont se plaint Henrion ; qu'elle doit donc à celui-ci la réparation complète du préjudice qu'elle lui a causé par sa négligence et par sa faute ;

» Attendu que l'évaluation par les experts de la dépréciation des vins à 6 fr. par hectolitre n'est pas exagérée ;

» Par ces motifs :

» La Cour..... reconnaît le droit de Henrion à une indemnité de 1,625 fr. contre ladite compagnie et condamne celle-ci à tous les dépens de première instance et d'appel. »

Il résulte de cet arrêt :

1o Que les compagnies doivent aux marchandises déposées dans leurs gares tous les soins dus par un mandataire nécessaire et salarié aux intérêts de son mandat, à peine d'une sévère responsabilité ;

2o Qu'il en pourrait être ainsi, même lorsque le destinataire serait en retard d'enlever ses colis, parce que si le dépôt cesse d'être nécessaire, il constitue encore un mandat salarié, puisqu'il donne droit, sous le nom de magasinage, à un prix de location et à une indemnité de garde ;

3o Mais que toute responsabilité cesse lorsque les moyens dont les compagnies disposent réglementairement sont inefficaces pour conjurer l'intensité des causes de détérioration.

L'ÉDUCATION VINICOLE

Nous ne voudrions pas abuser du lieu commun, et cependant il y a de ces vérités qu'on ne saurait répéter avec trop d'insistance : nous savons produire, nous ne savons pas écouler.

Voyez ce qui se passe en ce moment. L'abondance, qui devrait nous réjouir et nous enrichir, nous attriste. Nous inventorions notre stock avec regret et nous déplorons sa richesse ; mais nous ne savons pas agir pour en amener la diminution. Pendant ce temps, les cours restent indécis et le producteur tourne déjà un regard d'anxiété vers l'avenir, dont un printemps anticipé nous montre les prémices.

Ce sont, en effet, les débouchés qui nous manquent, la demande nous fait défaut et nous ne savons pas pousser l'offre.

Ce qui nous manque, c'est l'éducation professionnelle.

Comment, voilà une industrie essentiellement française, une culture qui couvre 2 millions 500 mille hectares, le vingtième de la superficie totale de l'empire, qui donne le travail et l'existence à plus de 6 millions d'ouvriers, hommes, femmes et enfants ; qui en occupe autant par les différentes industries auxquelles le vin fait appel, depuis le verrier et le fendeur de cercles jusqu'à la marine.

Cette industrie, dont le produit fait vivre la moitié du

days ; elle est florissante, et sa prospérité devient l'effroi de ceux qui sont appelés à en profiter !

Et cependant le produit se chiffre à 75 millions d'hectolitres de vin. Chaque Français adulte pourrait boire deux barriques par an, un litre et un quart par jour.

Si la consommation intérieure atteignait ce chiffre, le débouché national nous suffirait; mais les campagnes ne boivent pas de vin, les villes du nord n'en peuvent pas boire et pour cause ; nous restons donc en présence d'un formidable disponible qu'il faut placer.

Il y a entre les deux Pôles des millions d'hommes qui boivent de l'eau, de la bière aigre, de l'eau-de-vie de grain, du gin, du wisky et, qui pis est, du 'half, and half, nauséabond mélange qui rend l'ivresse hideuse et qui tue promptement.

C'est à ceux-là qu'il faut porter nos vins. Il faut chez ces peuples faire nous-même de la propagande vinicole, aujourd'hui entre les mains des Anglais, des Américains et même des Chinois qui, dans le Far-West, fabriquent avec de l'alcool, des baies d'hièbles et de l'eau, un liquide qu'ils mettent en bouteilles, recouvertes d'étiquettes magnifiques, où le nom de nos grands crus est prostitué au prix de 4 fr. la douzaine, verre et caisse compris ; du Château-Margaux à 7 sous.

C'est pour supprimer le trafic de ces forbans à face jaune qu'il nous faudrait une école de vins, chargée d'aller enseigner le vin de France aux gens que l'on empoisonne en couvrant le poison du pavillon moral de nos richesses nationales.

M. Edmond Cazalis à déjà demandé avant nous l'organisation de l'instruction vinicole.

Et qu'on ne vienne pas dire que cette éducation est difficile à créer ; c'est l'affaire de quelques années. En Angleterre, aux États-Unis, en Allemagne, elle est toute faite, nous n'avons qu'à imiter.

Un père de famille ne craint pas de dépenser vingt, trente, quarante mille francs et davantage pour faire de son fils un avocat sans cause, un médecin sans clientèle, un ingénieur sans travaux, un compositeur ou sculpteur, un peintre sans commandes ou un chanteur sans engagement.

Avec le quart des sacrifices que coûtent toutes ces non-valeurs de l'amour-propre paternel, on créerait des négociants, des missionnaires du vin, et pour l'état, ce qui lui manque, de bons consuls à l'étranger, intelligents, pratiques et à bon marché.

Il suffirait de profiter des missions de M. le docteur Guyot dans les départements. Vingt, trente jeunes gens et d'avantage suivraient le maître dans ses tournées dans nos vignobles, à la vendange ; ils se répartiraient dans les meilleurs pressoirs ; ils compléteraient leurs initiations dans les chais des grandes maisons, et termineraient enfin leur éducation commerciale à Londres, Liverpool et Hambourg, à New-York, à Pétersbourg.

On pourrait alors les envoyer du Cap-Horn à la Baie-d'Hudson, et du Japon au Cap de Bonne-Espérance.

On dit que nous sommes à l'étroit dans nos quatre-vingt-neuf départements. Le monde est grand, le vin abondant, que la jeunesse pour laquelle les voyages, l'inconnu ont toujours de l'attrait, aille sur tous les points du globle planter notre pavillon commercial auprès d'une barrique de vin ; qu'elle marie aussi aux yeux des nations le plus frais de nos produits et les couleurs de la paix.

Alors, au lieu de gémir en face de l'abondance, nous pourrons nous réjouir et remercier Dieu.

FIN

TABLE DES MATIÈRES

FIN DE LA TABLE